新・香粧品開発の実際

新製品の着眼点と開発マネジメント

和田 孝介

幸書房

は じ め に

　企業業績は新製品開発の成功の有無によって大きく左右される．このため，市場や顧客に受け容れられる新製品開発に取り組むのだが，期待通りには販売実績が伸びず意気消沈したり，予想もしない品質トラブルが発生し戸惑い，苦悩することもある．

　この要因を探ってみると，開発体制が職場の実態に合っていなかったり，職場風土や開発者の発想が何となく後ろ向きであるなど取り組むべき様々な課題のあることに気付く．

　このため，
- ○　新製品開発に当たっての効率的開発体制の構築や開発方針設定
- ○　製品企画，設計における着眼点の整備とその活用
- ○　開発，生産における手順の設定とその活用
- ○　品質保証に対する考え方とその取り組み方
- ○　開発者適性実態調査と選定目安の設定
- ○　新製品開発に関するマネジメント

など新製品開発に係わる組織や企画，設計，生産そして品質保証などの課題についてそのあり方を探ってみた．

　新製品開発は時間との競争であり納期厳守を鉄則とする職場が多い．これを余りにも優先させると"手抜き"に走ることも考えられる．手抜きに走ればこの反動はいずれ品質トラブル，クレームとなって現れるはずである．

　手順をしっかりと踏んで市場，顧客の満足を得る確かな製品づくりに取り組みたいものである．

なお，新製品開発時，製品開発なのか，商品開発なのか様々な話しが出る．かつての職場で，生産した品物を製品といい，製品をお客様が購入され満足してご使用いただいた時，初めて商品になる，と"商売の心"を大切にする諸先輩が多かった．このため，本書では基本的にこの考え方を踏襲し，製品と商品を使い分けるように心掛けた．

　本書は，著者が香粧品の新製品開発や技術開発，品質保証，そして全国各地の販売・流通拠点に赴き製品の企画，設計や出来ばえを調査する製品技術調査活動などに携わり，直面した様々な課題に試行錯誤しつつ取り組んだ体験をベースにまとめたものである．
　新製品企画，設計，生産，そして品質保証などに携わる方々の課題解決のヒントになれば幸いと思っている．
　出版するに当たり幸書房取締役夏野出版部長には大変お世話になった．ここに深く感謝の意を表わします．
　2008年3月

和　田　孝　介

目　　次

1. 新製品開発と企業業績 …………………………………… 1
   1.1　A事業所の新製品開発の問題点 ………………… 1
   1.2　新製品売り上げ推移 ……………………………… 2
   1.3　新製品発売件数と業績 …………………………… 2
   1.4　新製品開発への取り組みと開発責任者の資質 ……… 4

2. 新製品開発に取り組む職場の実態 …………………… 9
   2.1　未整備な仕組み，機能しない組織 ……………… 10
   2.2　大企業病的職場 …………………………………… 14
   2.3　開発者がぶつかる発想の壁 ……………………… 18

3. グランドデザインの構築について …………………… 21
   3.1　創業理念と開発方針 ……………………………… 22
   3.2　開発の方向性の設定 ……………………………… 23
   3.3　開発手順アウトラインの設定 …………………… 25
   3.4　グランドデザイン構築，妥当性の検証 ………… 27

4. 新製品開発における商品寿命とロングセラー …… 31
   4.1　新製品開発と商品寿命 …………………………… 32

	4.2	ロングセラー商品の解析	33
	4.3	ロングセラー商品の特徴	39

5. 新製品人気度調査とその活用 …………………… 43

    5.1 新製品人気度の調査方法 …………………… 44
    5.2 人気度と販売実績 …………………………… 45
    5.3 人気度調査結果の活用について …………… 49

6. 新製品開発のヒントを探る …………………………… 51

    6.1 ものづくりにおける五感の役割 …………… 52
    6.2 製品イメージ，質感などの評価手順と評価結果 ……… 54
    6.3 質感，高級感への人間工学的アプローチ ……… 56

7. 新製品開発体制の構築 ………………………………… 65

    7.1 新製品開発のための機能的仕組み，組織構築 ………… 66
    7.2 新製品開発のマネジメントについて …………… 68
    7.3 開発者の適性，選定，育成 ……………………… 71

8. 新製品開発に直結したアイデア発想法 ………… 77

    8.1 三現主義的発想 ……………………………… 78
    8.2 前提破壊主義的発想 ………………………… 79
    8.3 技術展開的発想 ……………………………… 80
    8.4 温故知新的発想 ……………………………… 81
    8.5 生産者は消費者ダ，的発想 ………………… 81

9. 新製品開発，着眼点とその手順 85

9.1 新製品企画・設計に当たっての着眼点 86
9.2 新製品企画における立案項目 87
9.3 新製品開発手順 91

10. 新製品生産に当たっての課題とその対応 97

10.1 中味・バルク製造と出来ばえ確認 97
10.2 充填・包装仕上げ作業と品質確認 98
10.3 製品品質確認検査とその取り組み方 100

11. 体験的　化粧品開発マネジメント 103

11.1 紅花・カルサミンの商品開発 104
11.2 研究開発を生産軌道に乗せる 106
11.3 信頼ある製品づくり，品質の検証と
　　　そのフォローアップ 107
11.4 新製品開発，マネジメントのあり方と
　　　取り組む姿勢について考える 108

むすび 111

1 新製品開発と企業業績

1.1 A事業所の新製品開発の問題点

　新製品を発売し，しばらくすると機能や性能が見劣りしたり，デザインが飽きられたり，価格競争力が弱くなり販売実績が落ちるのが一般的である．

　香粧品関連製品について，A事業所の新製品開発実態を調査してみた．その結果，事業責任者の方針やマネジメントのあり方が開発や業績に少なからず影響を与えるように思われた．

　A事業所の責任者は12年間に5名交替している．各責任者は経営方針や新製品開発に対する取り組み方を自主的に設定し経営に当たる責任を持っている．このため，各責任者が設定した方針や取り組み姿勢が業績にどのような影響を与えたか分析し，新製品開発に対する基本的取り組み姿勢を見出そうと調査した．

　分析の結果，
　　① 新製品は発売後，月日が経つと販売実績は下降し，これに伴って事業所業績も低下傾向を示していた．
　　② 新製品発売件数と売り上げ実績はほぼ重なっていた．
　　③ 新製品開発は責任者のマネジメント力，リーダーシップが大きく影響する．

などの実態が明らかになった．

1.2 新製品売り上げ推移

　新製品を開発，販売すると好調に実績を伸ばすものや，期待に反して低調，不振を極めるケースもある．好調に売り上げを伸ばした製品も月日が経つと下降傾向を示すケースが多い．

　A事業所が開発に携わった主な新製品売り上げ推移を整理したのが図-1「新製品売り上げ推移（個数）」である．

　初年度売り上げ実績を100とすると，A製品は次年度15％売り上げを伸ばしたものの2年度以降販売実績は伸びず，5年後には78％まで後退している．B，C，D，E製品はいずれも毎年度売り上げを落としている．5製品トータルでみると5年間で売り上げは半減している．主力製品で年々，15％売り上げを落とすとすれば業績を維持，向上させるためには新製品開発を最重要課題と位置付け，これに取り組む必要性を痛感する．

1.3 新製品発売件数と業績

　新製品開発に当たって市場，顧客に支持される製品の"質"は重要だが，業績を着実に伸ばすには，それなりの"量"，開発件数や販売数量も必要になっている．

　このため，新製品発売件数と業績の関係を把握しておくことは，新製品開発への取り組み方を設定する上で見逃せない課題であり，この関係についてまとめたのが図-2「新製品発売件数と業績（売り上げ）」である．

　新製品発売件数と売り上げはほぼ重なるようだが，8年度は新製品発売件数が前年とさほど変わらないにもかかわらず業績に反映されていない．この原因を調査したところ，6年度に大型新製品を開発，販売したが業績が伸びないため，この製品をリニューアル，新製品扱いで販売したものの業績に反映されなかったことが判明した．顧客に受け容れられ

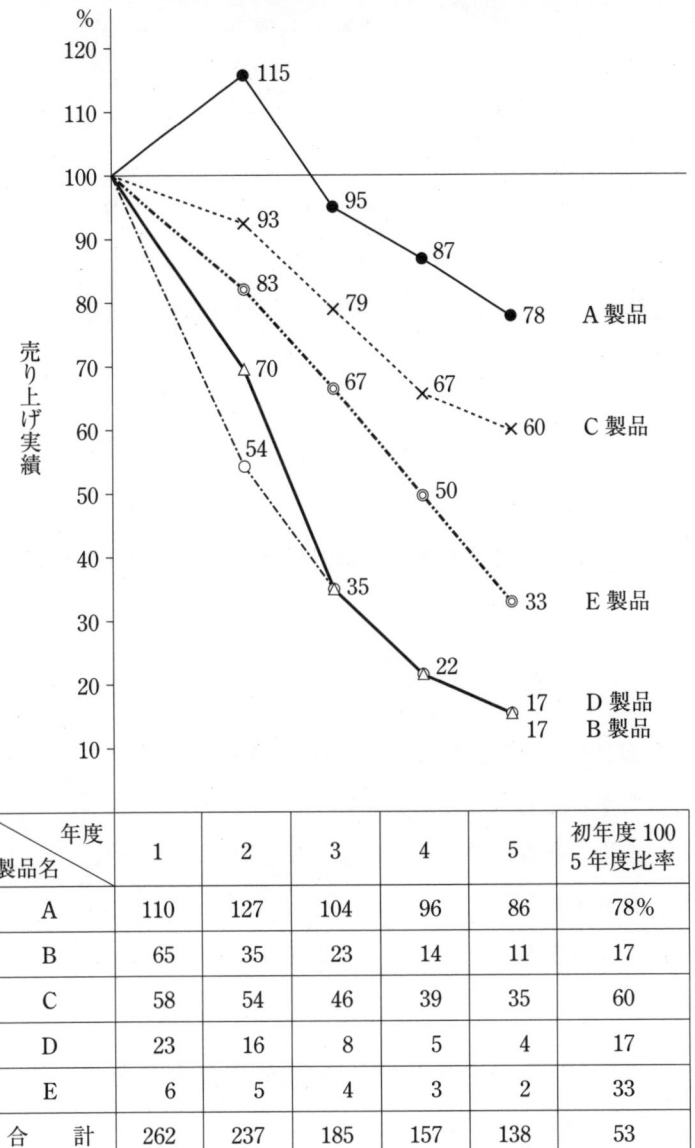

図-1 新製品売り上げ推移（個数）

製品名＼年度	1	2	3	4	5	初年度100 5年度比率
A	110	127	104	96	86	78%
B	65	35	23	14	11	17
C	58	54	46	39	35	60
D	23	16	8	5	4	17
E	6	5	4	3	2	33
合計	262	237	185	157	138	53

図-2　新製品発売件数と業績（売り上げ）

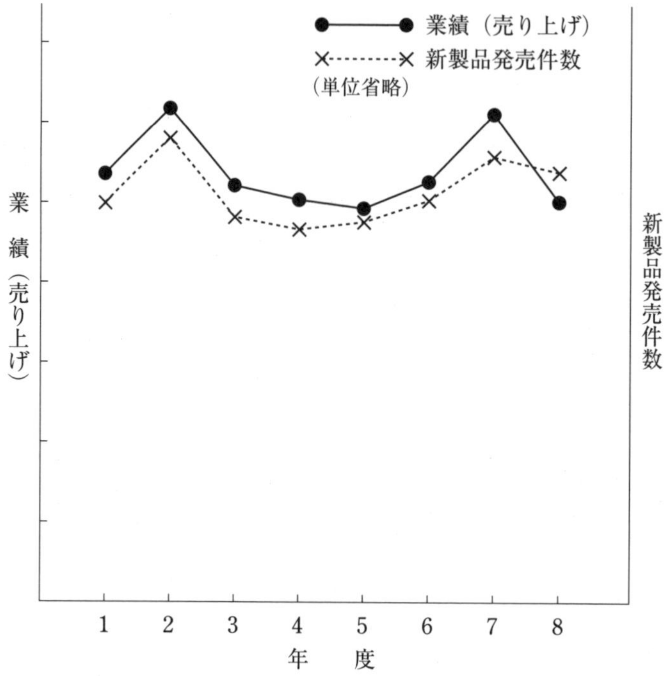

なかった製品を小手先の改良で人気回復を図ろうとしても，容易に受け容れられなかったということである．

そこで市場，顧客に受け容れられる製品開発に取り組むにはどのような方針，仕組みやマネジメントが必要かを責任者の資質に焦点をあてて，歴代の5名の事業責任者の取り組み方と業績を対比しそのヒントを探ってみた．

1.4　新製品開発への取り組みと開発責任者の資質

各責任者在籍期間と売り上げ実績，並びにその取り組み姿勢をまとめたのが図-3「事業責任者のマネジメントとその業績」である．

A責任者は開発体制を一本化，経営に寄与すると考えられる製品開発テーマを選定，これの製品化を積極的に進めた．また，現場マンは生

図-3 事業責任者のマネジメントとその業績

(初年度を100とした事業所業績 ●……●)
( )内：責任者在籍期間中の平均実績

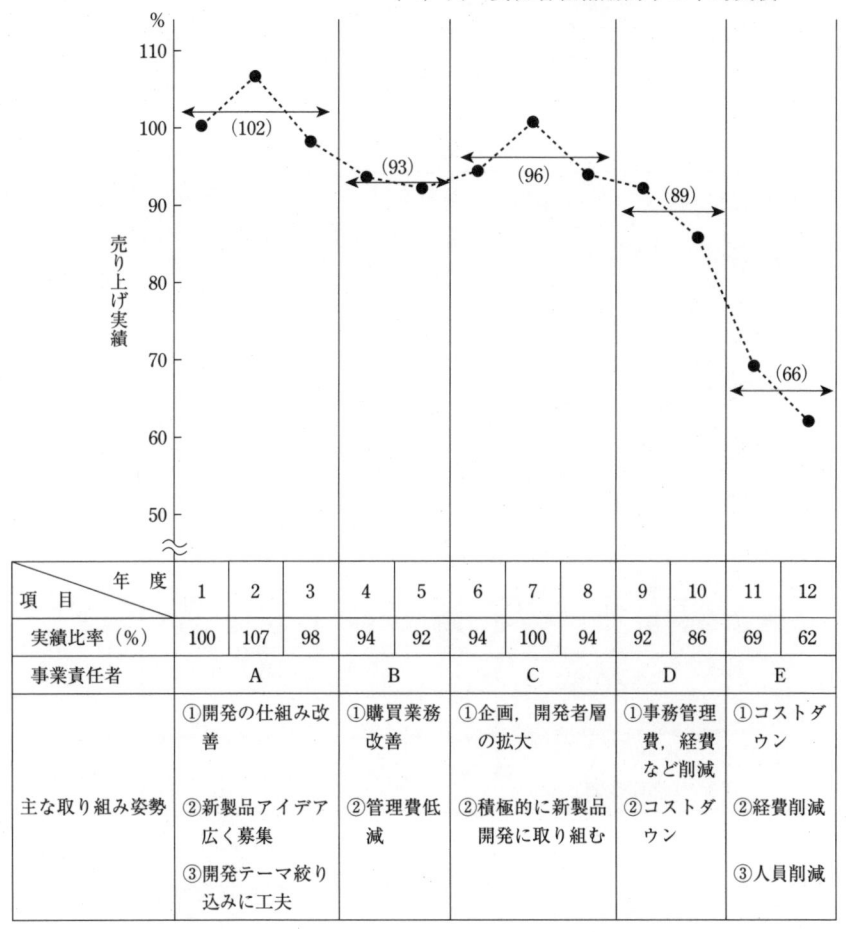

年度 項目	1	2	3	4	5	6	7	8	9	10	11	12
実績比率（％）	100	107	98	94	92	94	100	94	92	86	69	62
事業責任者	A	A	A	B	B	C	C	C	D	D	E	E
主な取り組み姿勢	①開発の仕組み改善 ②新製品アイデア広く募集 ③開発テーマ絞り込みに工夫			①購買業務改善 ②管理費低減		①企画，開発者層の拡大 ②積極的に新製品開発に取り組む			①事務管理費，経費など削減 ②コストダウン		①コストダウン ②経費削減 ③人員削減	

産者であるが消費者でもあるとの考えから，新製品アイデアを積極的に募り製品化に結び付ける努力をしている．

　B責任者は調達資材の競争購買制度を取り入れる一方，購入先を絞り集中購買を実施し調達資材のコストダウンに取り組んでいる．

　C責任者は新製品開発を積極的に進めるため開発者を募集，企画，開発者の層を厚くし大型新製品開発に努力している．

表-1 事業責任者360度評価結果

・360度評価方法：5段階
  1　2　3　4　5
  努　　普　　優
  力　　　　　れ
  期　…　通　…　て
  待　　　　　い
  　　　　　　る

・評価：部下5名平均　・☐：スコア4.0以上

NO	項目＼責任者	A	B	C	D	E
1	指示・命令力	4.2	3.8	4.0	3.2	2.0
2	判断力	4.8	3.8	4.0	1.8	2.0
3	コミュニケーション力	4.6	4.0	3.2	2.8	2.0
4	指導・育成力	4.0	3.8	3.0	2.6	2.0
5	積極性	4.0	4.2	4.4	3.0	3.0
6	責任感	4.8	4.4	3.2	3.4	3.0
7	向上心	4.6	4.6	2.0	2.8	3.0
8	コスト意識	4.8	4.8	1.8	3.2	2.8
9	経営意識	4.5	3.8	4.0	3.0	3.2
10	創意工夫力	3.6	3.0	4.8	2.0	2.8
11	人望・信頼	3.8	3.6	3.0	2.4	2.2
合計（100点に換算）		86.7	79.6	68.0	54.9	50.9

　D 責任者は売り上げ実績が低下してきたため利益を捻出しようと，事務管理費や経費の削減に力を集中している．

　E 責任者の時代になると売り上げ利益共に大きく後退してきたため，コストダウンや早期退職を奨励し人件費低減など経費全体の削減に力を注いでいる．

　事業責任者の取り組み姿勢を整理してみると，新製品開発の仕組みを変えたり，開発者の層を厚くするなど，積極的に取り組んだ責任者と，コストダウンや人員削減など，守りに努力したものに分類できる．

このような責任者の取り組み姿勢を部下はどのように受け止めていたか，多面評価結果を表-1「事業責任者360度評価結果」として整理した．

　360度評価は，部下が上司に対して自己啓発に自ら取り組むためのテーマ選定のヒントを提供することが狙いとされている．

　A事業所で実施している評価項目は，業務遂行能力として指示・命令力，判断力，コミュニケーション力，指導・育成力の4項目，業務取り組み姿勢として積極性，責任感や創意工夫力など6項目，そして人望・信頼を加えた11項目よりなっている．

　評価は5段階で，仮に全ての項目で優れている5の評価だと55となるが，表-1は直感的に理解しやすいように55を100に換算している．

　この結果をみるとA，C責任者は各々，86.7と68.0で業績もほぼ好調に推移している．D，Eは54.9，50.9でA，Cに比べて低く，これと重なるように業績も低下している．

　360度評価結果と業績がほぼ重なることは注目に値する．

　このように整理すると，新製品開発に当たって責任者の考え方や取り組み姿勢，組織開発力などの力量が大きく問われるほか，コミュニケーション力，指導・育成力，人望などが職場風土や開発者の動機付けなどに少なからず影響を与えるように受け取れる．

　次章で，新製品開発に関する仕組みや組織，そして職場風土などの実態とその問題についてまとめ，新製品開発のあり方を探ってみた．

2 新製品開発に取り組む職場の実態

　新製品開発に当たって，市場，顧客ニーズを的確に把握し，関係部門は協力，協調し，力を合わせ効率良く開発に取り組むことが期待される．しかし，現実には，開発した製品が市場，顧客に受け容れられずデッドストック（不良在庫）となったり，時には，予想もしないトラブルが発生しスケジュールが遅れることもある．

　期待と現実のギャップはどのようになっているか，それをまとめたのが図-4「新製品開発に寄せる期待とそのギャップ」である．

　このように整理すると，新製品開発に当たって組織，職場風土，そして，企画，開発などへの取り組み姿勢の実態を整理し，その対応策をしっかり固めておかないと実効ある成果は望みにくいと考えられる．

　このため，身近ないくつかの事例を整理し，開発のあり方を探ってみた．その結果，

　① 仕組み，組織を形だけ整えても実態が伴っていないと新製品開発は円滑に進まない．言い換えると，実態をよく見極めてから仕組み，組織を整備しないと開発は前に進まない．

　② 職場風土は開発者の発想に少なからず影響を与える．風通しが良く，前向きな職場でないと顧客に受け容れられる新製品の開発は望みにくい．しかし，職場がどのように病んでいるか，これに気付くことは甚だ難しい．例え，気付いていてもどのように対処したらよいか，その術（すべ）を見出せず困惑しているケースもある．

など，開発のあり方を探るヒントを得ることが出来た．

図-4 新製品開発に寄せる期待とそのギャップ

新製品開発への期待	期待に対するギャップ・職場の実態
① 社会，市場，顧客に受け容れられる製品の開発． ② 方針に従って一致団結した取り組み． ③ 開発スケジュール厳守． ④ 品質保証の徹底． ⑤ 納期内に必要数量確保． ⑥ 効率生産，コスト削減． ⑦ 困難な課題にも創意，工夫し積極的に挑戦，解決を図り，製品化に結び付ける．	① 市場，顧客に受け容れられない製品開発がある． ② 組織機能が十分発揮出来ず，協力，協調に欠けるケースがある． ③ 開発スケジュールを厳守する余り，工程管理が十分でなく，品質トラブル発生要因となることがある． ④ トラブル対応に想定外の経費が発生，著しく利益損失を招くことがある． ⑤ 開発が順調に進まないと責任転嫁，猜疑心などが職場に充満，負の連鎖に陥るケースもある． ⑥ 職場風土が後ろ向きで困難な課題に積極的に挑戦する意欲に欠けることがある．

2.1 未整備な仕組み，機能しない組織

① 砂上の楼閣組織

　組織としての開発が期待通りに進まないと，緊急避難的に各職場より適任と考えられるものを集め，新製品開発のプロジェクトチームを組むことがある．日頃，定型業務に携わっているものを集め，時代に適合した製品開発を期待しても，そのようなチームではどこから手をつけて良いか分からず，開発は遅々として進まない．それでも何とか開発したも

のの，製品を市場に出した時は既に時代遅れで顧客に相手にされず，デッドストックの山を築くことがある．

新製品開発は時代との競争であり，時代を先取りした開発体制を常に整えておく必要がある．しかし，例え，仕組み，組織を形だけ整えてもスタッフが揃っていなかったり，いくつかの業務を兼務させ，無理強いさせているケースもある．担当者は昼夜をおかず，正面から取り組んでも納得出来る成果が出せないと悩む．人員増加なり業務配分の見直しを上司に提案しても馬耳東風，全く聞く耳をもたない．そればかりか，部下の指導，育成を放置しておき業績だけは厳しくチェックする．すると，こんな上司の下では馬鹿馬鹿しくてやっていられないと，退職者が相次ぐ．残った者にますます負担がかかる．

責任者は去るものは追わず，今後も少数精鋭を貫くと言うが，何となく虚しく聞こえる．

新製品開発の仕組み，組織を形式的に整えても，人材の育成，確保を怠っていたのでは期待した開発力は湧いてこない．

② ワンマン組織

トップが新製品開発に熱心でリーダーシップを発揮し，次々とヒット商品を連発，これで業績が伸びると従業員から尊敬と畏敬の念を持たれ職場の力は一本化され，結束して業務に邁進，経営基盤も強固なものになる．しかし，トップの企画力に陰りが出始めると，これを修正する機能が働きにくく大きな迷路に迷い込む．ワンマン開発体制とは言え，商品企画や開発部門は設けられているのだが，ワンマン組織における商品企画，開発部門の業務実態はトップの企画を製品化するための資材調達，購買が主業務で，本来行うべきその部門独自の製品企画，開発にはほとんど手をつけていない．

それなりの部門が設置されているからニーズに合った新製品開発が期待出来ると考えがちだが，そのワンマン体制の飾りにすぎないという虚

像に気付かない．

　起業し，スタート時はワンマン開発体制であっても，企業の成長と共にいかに組織開発体制に移行するか，トップの判断力，指導力が問われる．業績が低迷，失速し慌ててギヤーチェンジしても車と同様，エンジンは停止してしまう．

③　**情報断絶的組織**
　新製品開発は納期厳守が求められる．このため，開発手順の順守や進度管理に神経を使うのだが，わずかの情報の遅れが発生しても取り返しのつかない事態を招くことがある．
　仮に，新製品を5日間で5万個生産する計画があったとする．1日1万個生産しなければこの計画は達成出来ない．しかし，時には予想もしないトラブルや工程不良が発生することがある．
　毎日，何個生産出来たか，不良率はいくらであったか組織全体で確認し，問題が発生すれば臨機応変に対応することが必要なはずだ．
　しかし，生産初日から工程トラブルが多発し最終日になって3万個しか生産されていない，という話しが出てくることもある．
　徹夜で生産対応を図ろうとしても資材，部品が底をついている．資材調達は1日ではとても出来ない．このような事態になって初めて責任者に報告される．
　責任者からなぜ報告が遅れたのか厳しく問い詰められる．生産担当者はこれに耐えられないから何とかして生産遅れを取り戻そうと日夜，懸命に努力したのだが，責任者にはこの苦労など全く眼中になく，ただ厳しく批難される．
　情報がスムーズに流れない組織は人間関係がぎくしゃくしているはずだが，このように報告が遅れたからと，ただ叱責し努力した経緯など一切聞かないと相手はますます心を閉ざしてしまい，必要最低限の報告やコミュニケーションさえ途絶えてしまう．

新製品開発にとって情報断絶は致命傷となる．情報が円滑に流れるように努力，改善することは甚だ難しいが，この解決なくしてスムーズな新製品開発は望みにくい．
　"悪い情報は良い情報"と置き換え，積極的に耳を傾ける懐の深い職場風土の醸成は欠かせない．

④　傷をなめ合う組織
　組織が整備され情報の流れ，人間関係も円滑で新製品開発が順調に進むケースもある．
　新製品開発が順調に進むのは好ましいことだが，時には，市場ニーズから離れたり，顧客が手に取ろうともしない魅力に欠ける製品を開発，販売する時もある．すると，製品の企画，出来ばえは横において，現在，消費が低迷している，しばらくこの不況に耐えていればいずれ新製品も売れ業績も上昇する，と言った話しが出て来る．
　職場全体，これに異論を唱えるものはおらず，みな心を一つにして新製品開発に取り組もうと誓う．しかし，一向にヒット商品を生み出せずデッドストックの山を築き業績を悪化させる．
　どの部門かに責任がある訳ではない，社会全体デフレであり，消費不況だと言うことで職場の空気は一致する．しかし，同業他社の業績をみると飛躍的に伸びている事例もある．なぜ，A社，B社……は業績を伸ばしているのか話題にしない．例え，自社の企画，設計が市場ニーズと離れている，あるいは開発のタイミングに問題がある，と気付いても組織全体の調和が乱れることを懸念し口をつぐんでしまう．○○部門の力不足ダ，と言い出せばいつ自部門の非を責められるか分からない．
　原因は全て消費不況としておけば波風は立たない．しかし，切磋琢磨し輝きのある製品開発を期待することは難しい．

⑤　無為無策組織

　新製品開発は重要課題だと位置付け，トップは理念，方針を設定しこれを徹底するため機会あるごとにその趣旨を説いたり，職場などに掲示する．しかし，何の力にもならないケースもある．

　開発担当者にトップの方針を訊ねても覚えていないし，例え答えられても，あれはトップの願望だ，と簡単に片付けてしまう．逆に，あのような方針が開発にしばりをかけている，と言う話しさえ飛び出す．これでは方針があっても無きに等しい．

　方針や指示を徹底し，日常業務に落とし込むことは容易なことではない．トップが力んでも空回りするケースが多い．例えば，この新製品開発は重要だ，○○設備を導入し至急生産に取り組むようにと指示すると誰一人反対しない，みな協力してこれに取り組むものと考える．しかし，いつまで経っても実行に移されない．設備導入について確認すると，発注さえしていない．設備を導入しなければ生産出来ないのだから，生産部門は設備導入の進捗状況を聞けば良いのに，同格の者に進度を確認することは職務上なじまない，と言う．設備導入部門になぜ導入に向けて動かないのか確認すると，導入の依頼がなかった，と言う．

　このように問題意識や積極性が低く，責任転嫁的職場風土だと，方針や開発の方向性を定めても何の力にもなり得ない．これでは策があっても無きに等しい．

　理念や方針を実務に落とし込むには，幾度も幾度も繰り返し言って聞かせ，肌からしみ込ませることが必要と日夜懸命に努力している老練経営者の姿が思い浮かぶ．

2.2　大企業病的職場

① 　島国根性的職場

　新製品を企画する時，その方法として(1)自社で企画する，(2)外部委託する，そして，(3)自社で企画するほか，第三者にも企画を依頼し，

この中から優れたものを選定する，などの方法がある．

(3)の方法を選定した時，企画担当部門がどこであっても優れた企画が採用されると考える．しかし，なぜか第三者に依頼したものが頻繁に採用されるケースがある．

自社の優れた企画を採用し，製品化に結び付ければ業績は大幅に伸びるのにと，多くの者が切歯扼腕する．

どこからともなく，自社企画を採用し，業績が大幅に伸びると企画部門の評価が高くなる．これを快く思わない空気が社内にあって，自社企画はコストが高くなるとか，資材調達に問題があるなど難癖をつけ不採用に一役買っていると言う話しがまことしやかに流れる．

このような考えは視野が狭いと嘆いても，職場全体が島国根性的企業病におかされていると似たような現象があちこちで発生するから甚だやっかいである．

新製品開発に全力で取り組んでも時には思いもよらないトラブルが発生することがある．この時，迅速，的確に対応すれば問題は解決しているのに，業績評価の季節になるとこのトラブルを蒸し返し，なぜかトップが出席する会議の議題に入れてくる．今更，議題にする必要はないと言っても，トラブルを発生させたが，みながよくやってくれたことを報告したいのだ，と言う．新製品開発に全力で取り組んだことは議題にせず，なぜかトラブルのことだけを報告したいと言う．

島国根性的遺伝子が擦り込まれているこのような職場では，積極的に新製品開発に取り組む姿勢は消え失せて行く．

② **責任転嫁的職場**

新製品を開発する時，問題なく順調に進むことは少なく様々なトラブルが発生する．新製品開発は想定しない問題との戦い，とさえ言える．

例えば，本生産に入ってトラブルが発生すると，設計部門は生産方法に問題があったと考える．一方，生産部門は設計に至らぬ点があったと

位置付ける．

　このように責任転嫁しているとトラブル解決の担当者（部門）が決まらず，問題は放置され傷口を大きくしてしまう．

　みな真剣に，確かな製品づくりに心血を注いでいるのだが，トラブルが発生すると，本人ないし関係部門が納得しなくても，強引に責任は○○と決めつける．ことは，ここで納まらず職場に迷惑をかけた，として業績評価に反映させたり，著しい例では降格したり閑職に追いやってしまう．このような責任の取らされ方が職場に定着すると，みな守りに入ってしまう．

　責任者は信賞必罰，能力，成果主義だと胸を張るが，当事者が納得しない責任の取らせ方をすると職場全体が重く，冷たい雰囲気になり，チャレンジ精神も消え失せてしまう．

　一方トラブルが発生した時，この解決に取り組むのが責任の取り方だと打ち出す職場がある．みなが協力して，問題解決に取り組んでいるうちに真の原因や責任の所在が明らかになり，各部門，自ら責任を自覚し再発防止に全力で取り組む良いケースもある．

　失敗やトラブルが発生した時，上司として指導，監督の至らなさを棚にあげ，責任は全て部下にあると考えるリーダーもいる．このようなリーダーは部下から最大の不信を買い上司失格の烙印を押される．

③　評論家集団的職場

　新製品開発で思いもよらない問題が発生した時，職場の仲間が心配しいろいろ解決への考え方や意見を出す．しかし，中には一つひとつそれに反論し，耳を貸そうとさえしない者もいる．

　上司が，みな心配して言っているのだから話し位しっかり聞け，と言うと，耳は二つ，口は一つ，自分は熱心に話しを聞いている，と言う．

　聞くだけではなく内容を吟味し，参考になる点があれば取り入れるようにと指摘されると，製品を知らない者が余計なことを言わないで欲し

い，もっと勉強してものを言ってもらいたい，と言いだす．

　人の話しは聞かない，自分の批判は許さない，それでいて，他人の批難はする．

　お互いに批判，批難をしていたら問題解決の糸口さえつかめず，傷口を広げ取り返しのつかない状況に追い込まれてしまう．しかし，当事者は熱心に問題解決に取り組んでおり，自分が評論家的発言で周囲の顰蹙(ひんしゅく)を買っているとは夢にも思っていない．

　職場の問題が長く解決しない時，評論家集団的職場になっていないか点検したいものである．

④　たこつぼ的職場

　新製品開発に当たって社会の変化や消費者嗜好，業界動向の調査を行い，現に市場，店頭で人気のある商品などを参考にすることは意義があると考える．しかし，職場によっては，わが社の経営方針は一般とは異なる，と社会や業界動向などから目を背ける例もある．

　経営方針がどのような形であっても，その先にある顧客は同じなはずだがこれを受け容れず，たこつぼに入り込んでしまう．

　たこつぼ的職場の問題は視野が狭くなり，自由に発想したり活動する余地が狭まることだ．時に，自由に発想し活発に活動するものが出てくると些細なことに難癖をつけ追い出してしまう．たこつぼの中は静かになり住み心地が良くなったと考える．

　しかし，刺激はますます少なくなり，発想力はしぼみ，画期的新製品開発は遠のいてしまう．天下泰平の日々は永遠に続き経営危機など関係ない，との雰囲気に包まれる．しかし，迫り来る経営危機の足音は，たこつぼの中には届かない．

⑤　前例踏襲的職場

　製品検査基準にしたがって検査を実施，特に問題ないので"合格"と

して出荷する．しかし，時には予想もしない品質トラブル，クレームが発生する．品質確認や検査方法，そして，合否判定基準に問題があったはずだが，今までもこの方法で検査を実施し問題はなかった，したがって，今回発生したトラブル，クレームは稀な出来事と受け止める．今日まで実施してきた検査方法，規格基準に問題があっても，そこに考えが及ばない．

　前例を守ることに汲々とする余り，目の前に横たわっている課題を見失い，折角の技術開発や工程改善のチャンスを取り逃がしてしまう．

　前例にしたがって意味のない品質確認や検査を実施し，トラブルが続発，今日も忙しい，忙しいと飛び回っている姿は痛ましい．

2.3　開発者がぶつかる発想の壁

① 物理主義的発想

　新製品開発に当たって設備，資金，人材など何不自由なく取り組めることは稀である．開発に当たっていろいろな課題に直面するはずだが，○○だから開発出来ない，と言い切ってしまうと，それでは創意工夫や改善，改革，さらに新たな技術開発なども頓挫してしまう．極論すれば思考停止状態に陥ってしまうのだが，これに気付かず非常にやっかいな事態に進展する．

　新製品開発が順調に進まない時に出るのが物理主義的発想である．計画通り新製品を開発するには人員が不足しているというものである．企画，開発者にはそれなりの適性が必要であり，人員を揃えれば良いというものではない．だから「現在在籍している担当者はセンスを持っている，この人達の力をフルに活用して開発ピッチを上げるように話しても容易に受け容れられない．とにかく，人員不足の解決が第一」という先入観に凝り固まってしまうと新製品開発は一歩も前に進まなくなる．例え，要望通り増員しても成果は上がらない．なぜ結果が出ないかと質すと，増員されたので研究，開発のスペースや設備が不足していると言

う．人員を増加すれば次は設備が不足と，次々と物理的に満たされないことが開発を阻害している要因だと言い出す．

このような発想では例え物理主義的要望を全て満たしても開発は順調に進まない．すると次に出てくるのが唯我独尊的発想である．

② 唯我独尊的発想

熱心に開発に取り組んだ，素晴らしい製品が出来た，と自画自賛する．しかし実績は低調そのもの．いくら自画自賛しても売れなければ何の役にも立たない，とボールを投げると，こんな素晴らしい製品の価値が分からないもののセンスを疑う，と言い出す．顧客満足などどこかに吹き飛んで，自己満足，唯我独尊的発想に浸ってしまう．

新製品開発に当たって素晴らしい製品をつくり，ヒット商品にしたいとの強い願望が，いつの間にか素晴らしい製品が完成したと勘違いする．売れる製品が良い商品で，開発者がいくら良い製品だ，と言っても販売に携わる者や顧客に相手にされないのでは業績に何の影響も与えないことに気付かない．

客観的にものを見る目が大切だ，と認識すると企画，開発に当たって様々な調査に取り組む．

③ 調査至上主義的発想

新製品企画に当たって，様々な調査を実施し，この結果に基づいて開発すれば顧客に受け容れられる製品が出来ると考える発想である．例えば，製品を企画する時，嗜好調査を実施すると甲乙付け難い僅差で嗜好順位が並ぶ．この上位何品かを開発すれば必ずヒットすると考え製品化する．結果は無残そのもの．客観的嗜好調査に基づいて企画，開発したのになぜヒット商品とならないのかと嘆く．しかし，老練の経営者は，嗜好調査なりアンケート調査を実施して上位何品かを製品化し，ヒット商品が出来ると考える発想は小学5年生のレベルと嘲笑する．

自分で考え，執念を持って企画，開発した製品がヒットしない．客観的データに基づいての開発が大切と認識しこれに取り組んでも期待した成果は得られない．すると，どこからともなく外部に依頼したらどうか，との声が出て来る．

④　丸投げ的発想

　外部に依頼すると斬新な企画が提案される．これに基づいて製品化するのだがどうも市場，顧客の反応が鈍い．市場から製品のネーミングがハイカラ過ぎて何の意味か分からない，製品名が覚えられない，製品として良く出来ていて，清潔できれいだが商品としての"美しさ"，"品格"がない，とさんざんの評判である．

　社内では商品企画開発部門が企画，製品化したと理解しているが，実際は外部に企画を丸投げしている．商品企画部と言っても，他人が企画したものを評価しているだけで評価部になっていることに気付かない．そして自分達の企画力が衰退していることを棚に上げ，とんでもないことを考えるようになる．

⑤　上司はアホダ的発想

　企画，研究開発は担当者自らが知恵を出し業務に取り組むべきはずだが，何事も上司の指示，指導を仰ぎ，適切な指示，指導がないと上司はアホダと考える．新製品企画，開発に携わっているリーダーは，日頃目一杯の知恵を出し切っているはずだ．したがって，上司との話しの中で，わずかのことでもヒントをつかみ，自ら進んで前向きに取り組む必要があるはずだが，何事も上司の指示，指導を仰ごうとする．細かい取り組み方，進め方など一つひとつ指導しない上司はアホダ，と考えるものが出てくる．

　自分の企画力，知恵不足を棚に上げ，上司はアホダ，と発想するものに新製品企画，開発の適性があるか大きな疑問を持つ．

3 グランドデザインの構築について

　新製品開発に積極的に取り組むものの目に見える成果が現れず，苦悩するケースが多い．この要因を探ってみると，新製品開発の仕組みが整備されていなかったり，組織が本来の機能を果たしていなかったり，責任転嫁や協力，協調態勢に欠け職場の雰囲気が重く，冷たかったり，開発者の発想が後ろ向きであるなど，それなりの課題を抱えていることに気付く．

　これらに合わせ，新製品開発方針やその方向性，開発手順など，開発の基本骨格とも言うべき，グランドデザインが構築されていないケースがある．

　基本的事項を整理しないで新製品開発に取り組むと，各部門ばらばらに活動するため，職場の力が結集出来ないし，明日につながる開発の方向性も定めることが出来ない．このため，開発に一貫性がなく，思いつきの企画に終始することになる．

　新製品開発に当たって，おおよその方針，狙い，開発の方向性など基本的事項を構築しておくことは重要な課題と考える．

　このため，
　　① 創業理念，志，こだわりと開発方針設定のあり方．
　　② 開発の方向性設定での留意事項．
　　③ 設定した開発基本骨格，グランドデザインが適切に機能しているか検証する項目，方法．
などについて整理してみた．

3.1 創業理念と開発方針

グランドデザインを構築する時,どのような志,動機,こだわりなどで起業,創業したかが重要なファクターになる.創業の理念とも言うべき原点を整理し,方針や方向性をしっかり定めておくことが必要である.

香粧品関係の起業,創業理念をいくつかピックアップしてみると次のような例がある.

香粧品関連企業の創業理念〔例〕

① 美しく豊かな人生を送るお手伝いをしたい.
② 多角化を目指し,企業の安定的成長を図りたい.
③ 自社が開発した○○技術,○○機能性原料などを活用し,美と健康に貢献したい.
④ ○○成分,薬剤など使用しないことを特徴とする製品をつくりたい.
⑤ 天然,自然,植物性原料などにこだわり,特徴ある製品づくりに邁進したい.
⑥ 地元特産品を活用し,特徴ある製品を提供したい.
⑦ 雇用拡大を図り,地域振興に貢献したい.
⑧ その他

などである.

創業の理念は様々だが,この理念によって開発方針は大きく異なってくる.

①,②のケースでは,原料や製法などにこだわらず,美と健康に役立つ製品づくりに邁進するケースが多い.

③のケースは,○○技術や○○成分などにこだわるため,開発の範囲

はある程度限定される．

　④は，○○成分，薬剤など"使用していない"ことを特徴とする事例がある．

　⑤は，○○成分を"使用している"ないし"つくり方にこだわっている"ことを特徴とする．

　⑥は，古来から伝えられた地元特産品の有効成分などを解明，製品化するケース．

　⑦は，①②の開発方針と重なるものの，製品づくりに携わる人の雇用を大切にするケース．

　⑧その他は，技術者が何らかの理由，動機で職場を離れ，新たに同志が集まり"頭脳集団"として起業したり，素材，パッケージメーカーがより付加価値を高めるために新規事業として参入するケースなどがある．

3.2　開発の方向性の設定

　製品開発に当たって明確にしておきたい基本的項目として，製品の種類，使用方法，美容法，原価，コスト，販売方法，企画，設計への取り組み方，生産ないし製品供給方法，資材・原料調達方法，品質保証への取り組み方，苦情・クレーム対応の仕方，人材選定・育成への取り組み方などがある．

　各項目はお互いに関連しており，全体像を描きながら検討する必要がある．例えば，開発する製品の種類によってその使用方法，美容方法が異なってくる．また，自社工場で生産するか，外部委託，OEMなどで製品供給を図るかによって資材・原料調達方法や品質保証への取り組み方も異なる．開発の方向性を設定するに当たっての主要な項目とその内容について，表-2「開発方針，方向性設定の主な検討事項」としてまとめた．

表-2 開発方針,方向性設定の主な検討事項

NO	項目	内容	備考
1	開発製品位置付け	①総合開発主義 ②"○○を使用しない"主義 ③"○○の使用にこだわる"主義 ④"○○の技術にこだわる"主義 ⑤その他	・起業,創業した志,動機などにより異なる.
2	新製品企画,設計への取り組み方	①自社独自で企画,設計 ②外部委託 ③その他	・開発マンパワー,開発期間などにより取り組み方の選定必要.
3	新製品企画,設計方法	①新規企画 ②既存のパッケージなど活用 ③その他	・NO.2の状況勘案と開発コスト,原価などにより選定必要.
4	製品種類	①フェーシャル,頭髪,メーキャップなど ②一般化粧品,医薬部外品,医薬品など ③その他	・企業理念や美容法,開発,技術力などを勘案,選定が必要.
5	製品生産,製品供給	①自社工場で生産 ②外部委託 ③OEM ④輸入 ⑤その他	・開発期間,生産技術力,コストなど総合的に検討し決定することが必要.
6	資材・原料調達	①自社生産 ②外部より購入 ③製品生産委託などの時 ・自社購入引き渡し ・生産委託先に購入一任 ④その他	・新製品開発,試作依頼先が購入先となるケースが多い.試作依頼先選定時,資材などの購入有無を念頭におく.
7	品質確認方法品質保証体系	①自社生産,委託,OEM,輸入などで受入検査,製品検査方法異なる ②製品品質追跡調査方法の確認	・製品生産,製品供給方法など勘案,臨機応変な対応が必要
8	苦情・クレーム対応の仕方	①商品交換目安 ②返金対応 ③その他	・社会通念を念頭においての対応必要
9	人材選定,育成	①各業務に携わるものの選定基準,特におい,使用感,色調など識別力確認必要 ②適材適所による人材活用への配慮重要	・ヤル気,能力,チームワーク力のバランスのとれた人材選定,育成重要

3.3 開発手順アウトラインの設定

新製品開発手順作成に当たって大切なことは，新製品の定義，分類とその位置付けである．新製品の分類として次のような例がある．

<u>新製品の分類〔例〕</u>
① 新規に立ち上げるブランド
② 既存ブランドに製品を追加
③ 既存製品を改良，改善する製品
④ 既存製品の中味を増量ないし減量する製品
⑤ 既存製品の中味は同じでパッケージの形態を変更する
⑥ 既存製品の現品見本品
⑦ 販売をサポートするサンプル
⑧ その他

などである．

製品の種類も様々なので開発手順設定に当たって，これらを考慮し作成することが必要である．

新製品開発は時間との競争を強いられる．開発を急ぐ余り重要なポイントを見逃す可能性がある．このため，一つひとつの工程で確認すべき項目を明確に整理しておく必要がある．

次に新規ブランド品を開発すると仮定し，表-3に「新規ブランド開発に関する主な手順，設定の留意点」をまとめた．

企画段階では関係法令の順守や特許，関係官庁の通達，指導事項，業界自主基準などの確認が必要である．

設計，試作では"使いやすく"，"生産しやすい"設計に配慮するほか，関係資材などの調達状況の把握は欠かせない．

生産に当たってスケールアップテストは必ず実施したい．小規模試作

表-3 新規ブランド開発に関する主な手順,設定の留意点

NO	工程	主な留意点
1	企画	・"関係法令順守"を念頭に企画すること. ・社内の開発力,技術力,生産力などを考慮,開発期間,開発方法などを決定する.
2	設計	・"使いやすく","生産しやすい"設計に気配りする.
3	試作	・試作を外部委託する時,委託先が資材などの購入先になるケースが多い.試作開発依頼先選定に当たって関係部門と調整する. ・試作品の製作,品質確認を効率的に行える手順設定に心掛ける.
4	スケールアップテスト	・スケジュール遅れで省略するケースが多く,本生産での問題を見逃し,品質トラブルを起こすことがある.必ず実施すること. ・設計,試作から本生産移行への問題有無の確認.本生産移行への決定責任者を明確にしておく.
5	資材・原料調達購買	・資材・原料など円滑に調達出来ないと生産が立ち行かなくなる.原料・材料の調達状況を把握しておくこと. ・購買規格,受入検査,購入先が実施する出荷検査方法などを設定,確認しておく.
6	生産,製品供給	・自社生産と外部委託生産,OEMなどにより工程管理,品質保証,受入検査方法など異なる.ケースバイケースでの手順を設定しておくこと.
7	物流,保管	・製品梱包荷姿など設計担当部門があいまいなケースが多い.責任部門を明確にしておく.
8	販売	・販売施策品,小型見本品が販売を十分後押ししない懸念もある.これらの効果的活用法を検討のこと. ・十分納得されての購入でないと嗜好型クレームにつながるケースがある.販売時,製品に対する顧客の理解を得る.
9	キープサンプルチェック	・キープサンプルの定期チェックを実施する手順を定めておく.ここで異常などに気付いたらどのようなアクションを取るか手順化しておく.
10	苦情・クレーム	・苦情・クレームは誠実,迅速,的確に対応するように手順化しておく.
11	回収,償却	・新製品開発に当たって回収,償却,廃棄の方法なども考えておく.

から本生産に移行すると，予想もしない問題が発生することがある．時間に追われ，スケールアップテストを省略すると品質トラブル，クレームの兆候を見逃すことがある．

物流，保管について，その実務担当部門は明確になっているものの，製品梱包荷姿の設計をどの部門が行うかが曖昧で現場が混乱することがある．この点，留意が必要である．

品質確認を徹底すれば製品不具合は発生しないはずだが，現実には予想もしないトラブル，クレームが発生するケースもある．キープサンプルを定期的にチェックしているとトラブルが大きくなる前にその徴候を把握することが出来る．

先手管理を徹底し，より確かな品質保証に取り組む必要がある．

素晴らしい製品を開発しヒット商品になると期待されたものでも，品質不具合が発生すれば一瞬にして全ての努力は水泡に帰すことを肝に銘じておきたい．

製品開発を円滑，効率的に進めるため基本構想を構築しても，これが逆に足かせになり何のための方針か，開発手順かと疑問を持つことがある．グランドデザインを構築したら職場の実態に合っているか，明日の発展につながるかなど検証することが必要である．

3.4 グランドデザイン構築，妥当性の検証

① 企業理念，開発方針

品質トラブルやクレームが発生したり，開発が円滑に進まないと，わが社の方針は○○主義だから理念，方針に無理があると問題をすり換えることがある．こうした場合には方針の本質を十分理解し日常業務にしっかり落とし込んでいるかをまず確認する必要がある．

② 製品原価，コスト，価格など

原価，コストを徹底して削ると製品が安っぽくなり，品質トラブルに

つながることがある．品質トラブルが発生したとき，余りにも原価を抑えすぎていないか検討したい．

③　企画，設計への取り組み方について
　企画を外部委託したり，汎用性のある既存パッケージなどを活用する開発に頼り過ぎると，クリエイティブな開発力が育ちにくくなる懸念がある．また，企画部門が企画を外部委託し，いくつかの提案から"評価・選択"していると，企画部門が評価部門になっていることに気付かないことがある．

④　製品のステージアップ
　製品を企画する時，次にどのようにステージアップを図るか，先を読んだ構想を折り込んでいるか確認したい．

⑤　仕組み，組織について
　理想的な仕組み，組織をつくってもスタッフがある程度揃わないと職場の力が発揮できない．いくつかの仕組み，組織を立案し，職場の実情を見ながら運用したい．

⑥　開発手順について
　品質確認のため〇〇条件で〇〇期間変質しないこと，とルール化するケースが多い．新製品開発に占めるこの〇〇期間のウエイトは非常に大きい．品質確認のための技術開発を図り，開発期間の短縮を工夫することも重要であるが，この変質しない期間を基本構想に取り入れているか確認したい．

⑦　人材選定，育成，活用について
　社内の人材の能力，センスを超える製品づくりは期待しにくい．常に

人材の選定，育成，活用，そしてチームワーク力の高い職場風土の醸成に努力する方針をしっかり確立し，この遂行状況を確認したい．

⑧　その他
　新規事業や新製品開発は過去に経験したことのない事象に出会うことが多い．このため，推定，想像，思いつきでものを言うことがある．データ，現物（参考品）など，事実に基づいて現状を的確に把握し議論しているか確認したい．

4 新製品開発における商品寿命とロングセラー

　新製品開発の方向性を設定する上で必要なことは，起業の志やこだわり，企業理念，トップ方針などを確認し，具体的企画，設計に落とし込む作業であるが，これに取り組んでみると戸惑うことが多い．

　闇雲に製品開発しても線香花火のように一瞬にして消えてしまう製品もあるし，中には10年，20年愛用され，ロングセラー商品となっているものもある．これら商品の特徴を調査すれば顧客に支持，愛用される商品づくりに役立つヒントが得られると考え，ロングセラー商品の解析に取り組んでみた．

　その結果，解析方法の留意点やロングセラー商品の特徴を見出すことができた．

　① ロングセラー商品のイメージを単品で調査してもその特徴が顕著に現れず，調査方法に様々な工夫が必要であることに気付いた．このため，売れ行き不調製品と比較調査した結果，ロングセラー商品の特徴を見出すことが出来た．

　② ロングセラー商品はイメージとして輝き，品格，高級感などがあるほか，使いやすいなど，それなりの"X"というものが潜んでいるようである．

　③ ロングセラー商品は品質トラブル，クレームなどの発生が無く，品質がしっかりつくり込まれていることを再確認した．

などである．

4.1 新製品開発と商品寿命

　新製品開発に当たり，販売期間を限定したり，販売状況に応じて様々な対応が必要になるケースがある．

　季節限定，○○記念商品や季節ごとに製品をモデルチェンジするなど計画的に販売期間，商品寿命をコントロールするケースや，期待がはずれやむを得ず販売中止，廃品にするケース，逆に予想以上に売れ，廃品予定を見送ったり，10年，20年と顧客の支持を得てロングセラー商品になるなどである．

　これらをイメージ的に図示したのが図-5「商品寿命の種類」である．

　Aはロングセラー商品で販売後，20年，30年ないしそれ以上経っても顧客の支持を得てコンスタントに売れ，しかも経営の柱となっている

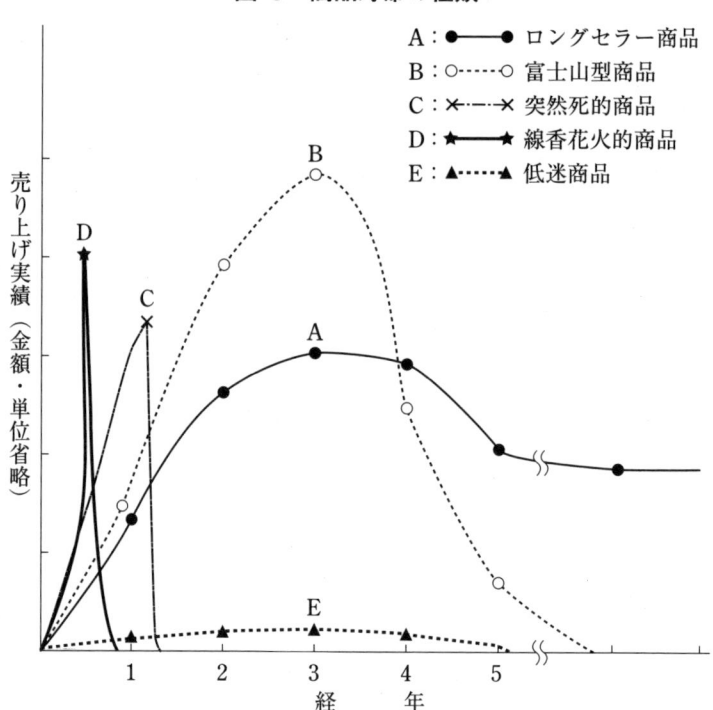

図-5　商品寿命の種類

A：●―● ロングセラー商品
B：○┄┄○ 富士山型商品
C：×―・―× 突然死的商品
D：★―★ 線香花火的商品
E：▲┄┄▲ 低迷商品

縦軸：売り上げ実績（金額・単位省略）
横軸：経年

商品群.

　Bは発売後，数年間は相当の販売実績をあげたものの，月日が経つに従って市場競争力を失ったり，飽きられて廃品に至る富士山型商品.

　Cは新製品として発売，市場，顧客に受け容れられ，ヒット商品，ロングセラー商品に育つかと期待していた矢先，製品に不具合や品質トラブルが発生，市場，顧客の支持を失いやむを得ず廃品となるケース.

　Dは季節限定，○○記念商品など，限られた期間に販売を終了するケース.

　Eは販売したものの市場，顧客の反応が鈍く可もなく不可もなく，やむを得ず廃品に追い込まれるケース.

　出来ればA，Bのようなロングセラーないし期待に沿った富士山型商品を企画，設計したいと思う．特に，ロングセラー商品のように20年，30年経っても市場，顧客に支持，愛用され，しかも経営の基盤を支える商品があれば，これを原動力としてさらなる新製品開発，技術開発へ挑戦する力が蓄えられる．

　ロングセラー商品には多くの顧客に支持，愛用される何か"X"というものが存在しているはずで，これを見出したいとロングセラー商品の解析に取り組んでみた．

4.2　ロングセラー商品の解析

　ロングセラー商品解析に当たって，調査項目と評価尺度の設定が必要となる．

　項目選定に当たって化粧品や化粧用具など代表的ロングセラー商品9品を選定し，パネル（女性を主体にした現場マン）46名に各製品のイメージを自由に出してもらったところ，おおよそ100項目となった．類似項目を統合，整理し15項目に絞った．

　評価尺度は設計，試作品評価などで活用している7段階を採用するこ

とにした．新規性を例にとれば，新規性が著しくある+3，普通0，全くない-3である．

調査は質問紙法により代表的ロングセラー4品についてパネル46名

図-6 ロングセラーA商品単独イメージ評価結果

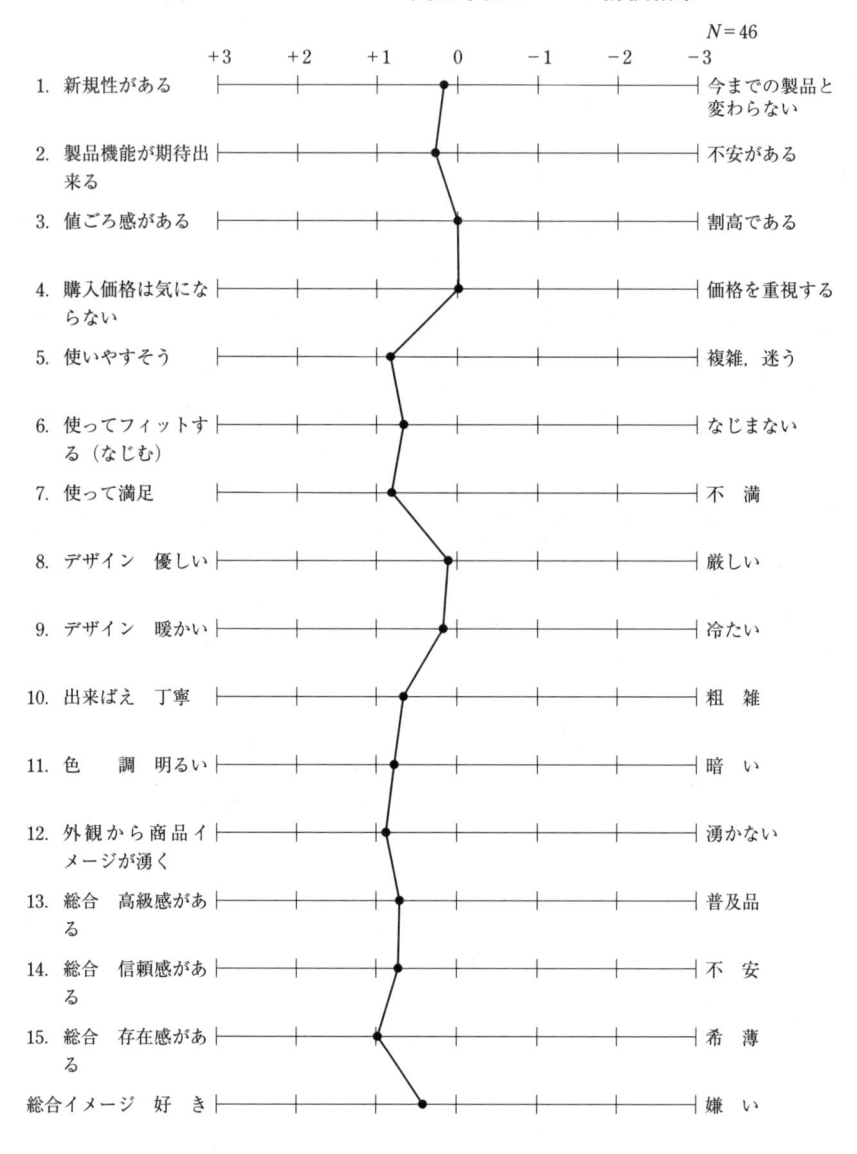

$N=46$

	+3	+2	+1	0	-1	-2	-3	
1. 新規性がある								今までの製品と変わらない
2. 製品機能が期待出来る								不安がある
3. 値ごろ感がある								割高である
4. 購入価格は気にならない								価格を重視する
5. 使いやすそう								複雑，迷う
6. 使ってフィットする（なじむ）								なじまない
7. 使って満足								不　満
8. デザイン　優しい								厳しい
9. デザイン　暖かい								冷たい
10. 出来ばえ　丁寧								粗　雑
11. 色　調　明るい								暗　い
12. 外観から商品イメージが湧く								湧かない
13. 総合　高級感がある								普及品
14. 総合　信頼感がある								不　安
15. 総合　存在感がある								希　薄
総合イメージ　好き								嫌　い

を対象に実施した．その一例をA商品で示す．

　A商品は販売後40年以上経過し現在でも多くの人々に愛用され，この製品群では代表的ロングセラー商品と位置付けされている．愛用者の心をつかんで離さない何か"X"というものが潜んでおり，その特徴が最も顕著に表れると考えた．調査結果は図-6「ロングセラーA商品単独イメージ評価結果」のようになった．

　この結果をみると，各項目，+1～0の範囲で取り立てた特徴，良さがあるとは言えず，なぜか腑に落ちないところがあった．パネル46名に聞き取り調査を実施したところ，72％，33名のものは日頃このA商品を使用しており，イメージ，使いやすさ，使い心地など"当たり前"と考えていることが判明した．

　ロングセラー商品であっても，毎日愛用している商品は当たり前の機能，使い心地であって取り立てた特徴は感じない，と言うことであった．その時，フト思い浮かんだのが，当該ロングセラー商品 (A) と使用目的は同じだが機能性を向上させたB製品の存在であった．このB製品は不評で，瞬く間に廃品に追い込まれた短命製品の代表とも言えるものであった．このA，Bを比較評価すればA商品の特徴が浮かび出てくると考え，この調査を実施してみた．

　その調査結果を図-7「A，B商品比較分析結果」として示す．B製品に比較するとA商品は外観から商品イメージが湧く，デザインが優しい，使ってフィットする，出来ばえが丁寧，信頼感，高級感，存在感があるなどの評価が高いことが判明した．

　このようにロングセラー商品の調査に当たっては，対照品があるとその特徴，素晴らしさがより鮮明にピックアップ出来る．

　試行錯誤しつつロングセラー商品の調査，分析に取り組んだ結果，いくつかの勘所，留意事項のあることに気付いた．主な項目は，

図-7　A，B商品比較分析結果

$N=46$

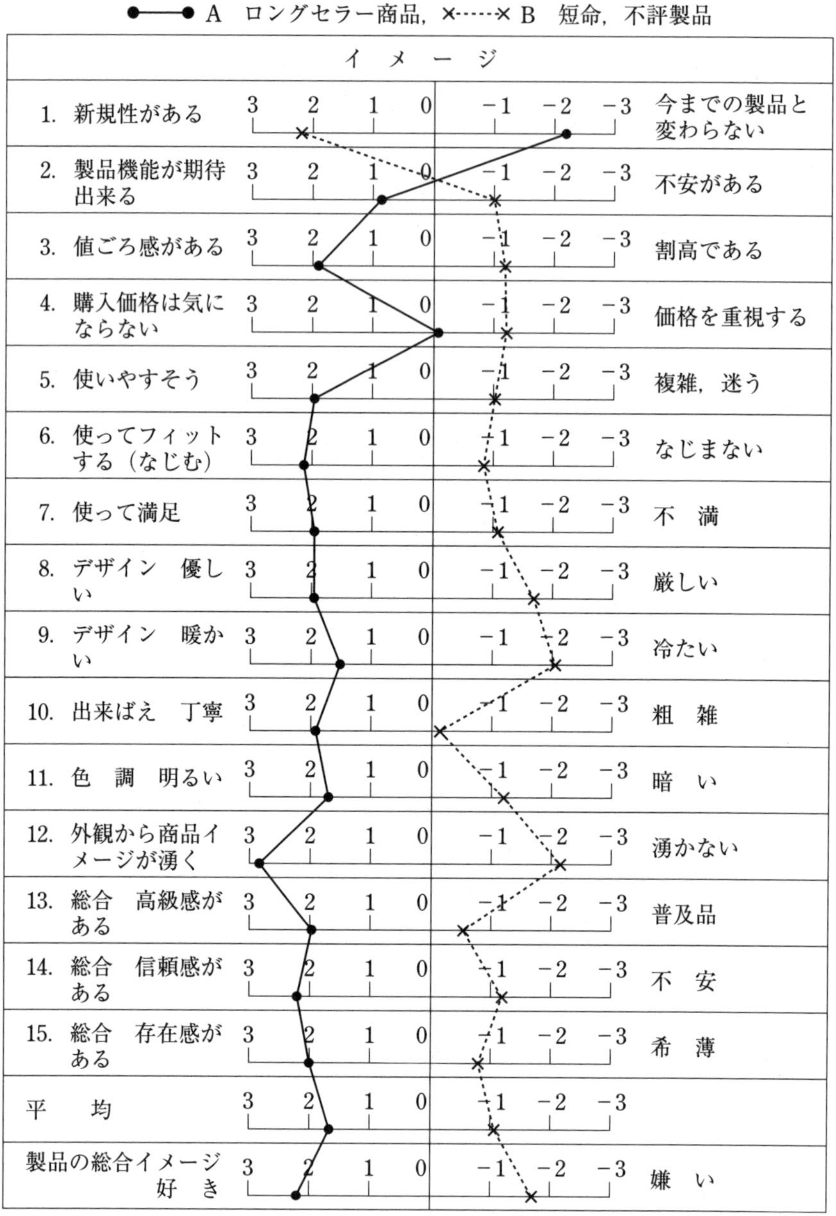

●———● A　ロングセラー商品，　×……× B　短命，不評製品

	イメージ	
1. 新規性がある	3　2　1　0　-1　-2　-3	今までの製品と変わらない
2. 製品機能が期待出来る	3　2　1　0　-1　-2　-3	不安がある
3. 値ごろ感がある	3　2　1　0　-1　-2　-3	割高である
4. 購入価格は気にならない	3　2　1　0　-1　-2　-3	価格を重視する
5. 使いやすそう	3　2　1　0　-1　-2　-3	複雑，迷う
6. 使ってフィットする（なじむ）	3　2　1　0　-1　-2　-3	なじまない
7. 使って満足	3　2　1　0　-1　-2　-3	不　満
8. デザイン　優しい	3　2　1　0　-1　-2　-3	厳しい
9. デザイン　暖かい	3　2　1　0　-1　-2　-3	冷たい
10. 出来ばえ　丁寧	3　2　1　0　-1　-2　-3	粗　雑
11. 色　調　明るい	3　2　1　0　-1　-2　-3	暗　い
12. 外観から商品イメージが湧く	3　2　1　0　-1　-2　-3	湧かない
13. 総合　高級感がある	3　2　1　0　-1　-2　-3	普及品
14. 総合　信頼感がある	3　2　1　0　-1　-2　-3	不　安
15. 総合　存在感がある	3　2　1　0　-1　-2　-3	希　薄
平　　均	3　2　1　0　-1　-2　-3	
製品の総合イメージ　好き	3　2　1　0　-1　-2　-3	嫌　い

ロングセラー商品調査に当たっての留意事項

① 評価方法（単独，比較評価など）をあらかじめ決めておく．
② サンプル選定，入手の可能性を探る．
③ 調査，質問項目を決めておく．
④ 評価尺度を設定しておく．
⑤ パネル選定方法を決めておく．
⑥ 調査の実施，タイミングを決めておく．
⑦ 解析方法を検討しておく．
⑧ 新製品開発のヒントが得られるように工夫しておく．
⑨ 販売予測への活用が図れるように工夫しておく．
⑩ その他

などである．

　ロングセラー商品調査，分析に当たって，当該サンプル1個を単独評価してもその特徴を見出すことが難しい．短命や不評だった製品と比較評価すれば各製品の特徴が浮き彫りになるようだが，短命，不評製品のサンプル入手は一般的には難しい．

　このため，ロングセラー商品や短命，不評製品にこだわらず，現に市販している製品イメージ，特徴などを調査実施し，これと販売実績を対比すれば売れ筋製品や低調製品などの特徴がピックアップ出来ないかと考え，10製品についてパネル27名を対象に調査をしてみた．

　調査項目はロングセラー商品分析に使用した15項目に，消費者として買いたい度合いを100点で表現してもらう人気度（購買動機）を追加した．

　評価結果の平均を表-4「製品イメージと販売実績」として示す．

　これをみるとA製品は，購入したい人気度（購買動機）が66.7で，総合イメージは1.6で販売実績は好調，対照的に人気度が16.7で総合イメージが-0.3となったF製品は販売が著しく不振でいずれ廃品にする予

表-4 製品イメージと販売実績

0を中心に両側3段階　$N = 27$

製品 項目	A製品群					B製品群			C製品群	
	A	B	C	D	E	F	G	H	I	J
人気度（購買動機） （100点満点で評価）	66.7	56.3	40.6	30.0	53.1	16.7	28.1	50.0	50.0	36.7
総合イメージ	1.6	1.3	1.3	0.3	1.5	-0.3	-0.1	1.0	1.4	0.4
1. 新規性	-1.0	0.3	1.1	-0.3	1.3	-0.7	-1.0	0.6	2.7	-1.1
2. 機能性	1.7	1.2	1.7	0.9	1.6	0.7	0.5	1.1	3.0	0.6
3. 値ごろ感	2.3	-0.1	-1.2	0.4	-0.5	-2.3	0	0.4	-1.7	-0.3
4. 出来ばえ	1.3	-0.3	-0.9	0.2	-0.3	-2.3	-0.7	0.3	0.3	-0.2
5. 使いやすさ	1.0	1.3	1.2	0.8	1.2	1.0	0.9	1.1	1.3	0.7
6. 使用性	2.0	1.3	0.5	1.3	0.8	-0.3	0.1	1.1	0.7	0.7
7. 満足度	2.3	1.1	1.3	0.9	0.8	-0.7	-0.1	0.6	1.3	0.3
8. デザイン 優しさ	2.0	1.6	0.9	1.3	1.1	1.3	1.4	0.5	0.3	0.8
9. デザイン 暖かさ	1.0	1.4	1.1	1.1	1.3	0.7	1.1	-0.4	0	0.2
10. イメージ 明るさ	1.7	1.1	1.1	1.1	1.7	1.0	0.7	1.2	2.3	0.7
11. 製品名 分かりやすさ	2.0	1.3	0.3	1.0	0.6	2.0	1.6	-0.9	-1.0	1.2
12. 外観商品イメージ	1.0	1.0	1.7	1.1	1.5	2.0	1.3	1.6	1.3	1.1
13. 高級感	0.3	0.9	2.1	0.6	2.1	0.3	-0.1	1.1	2.3	0.3
14. 信頼感	1.0	1.1	1.6	0.7	1.8	1.7	0.4	1.0	2.0	0.6
15. 存在感	0.7	0.9	1.9	0.7	2.0	0	0.1	1.1	2.3	0.3
販売実績 （Aを100とした指数）	100	46	36	33	48	12	16	52	42	30

定であることが判明した．このようにロングセラー商品，低調製品にこだわらず，現在販売している製品の人気度，イメージ調査を実施することでも製品特徴や販売動向がそれなりに把握出来ることが分かった．参考までに販売好調なA製品の実績を100とし，B，C，D，……I，Jの比率を示しておいた．

　この調査結果をみると，好調製品の特徴は値ごろ感，満足度，使用性，デザインの優しさ，製品名の分かりやすさなどが比較的高い評価であることが分かる．

　低調製品は製品名の分かりやすさ，外観からの商品イメージはそれな

りに評価されているが，値ごろ感，出来ばえなどの評価が低いなど価格と商品価値のバランスが崩れているようである．

4.3 ロングセラー商品の特徴

ロングセラー商品の解析や聞き取り調査によりその特徴を整理すると，次のようになる．

ロングセラー商品の特徴

① 外観から商品イメージが湧いてくる．
② デザインが優しい，暖かい，品格があり美しい．
③ 使いやすそう．
④ 存在感がある．
⑤ 出来ばえが丁寧．
⑥ 信頼感がある．
⑦ 値ごろ感がある．
⑧ その他

などである．

このようなイメージ調査では出てこないが，品質クレーム，苦情を分析した結果，ロングセラー商品は安全性，安定性，機能性など品質に対する不具合が全くないことに気付いた．長い歳月をかけて，品質をつくり込んできた証と言える．言い換えると品質トラブルが発生している製品はロングセラー商品にはなり得ない．当たり前と言えば当たり前かも知れないが，ものづくりにおいては，品質第一の重要性を再認識させられた．

これらのことから新製品開発の方向性を定めるために考慮すべきこととして，次のような事項があげられる．

ロングセラー商品の一例

ロングセラー商品解析から新製品開発の方向性設定留意事項

① 品質第一主義に徹すること．このために中味の安全性，安定性に配慮するほか，パッケージの材質やその形状，そして，製品仕様の決定も品質第一を貫くことが必要である．コスト削減に余りにも重点を置き過ぎると製品の性質上必要な構成材料も省いてしまい，トラブルの遠因になることがある．

② 消費者は各々の製品に，それなりのイメージを持っている．各製品にどのようなイメージを持っているか，あらかじめ調査し参考とすることが必要．

③ デザイン，イメージは優しさ，暖かさ，美しさ，豪華さなどが求められる．しかし，豪華過ぎると成金趣味と受け止められる．ほど良い豪華さをどのように設定するかデザイン，設計力が問われる．

④ 製品の出来ばえが"粗っぽい"イメージだと"安っぽい"と連想される．心を込め，丁寧に製品開発したことを製品をして語らしめることが大切である．

⑤ 使いやすさ，手触り感，質感などが商品価値を大きく左右する．使いやすい気配り設計の研究は欠かせない．

⑥ 製品に対する価値観と価格のバランスをどのように取るかは重要なテーマである．消費者はこの価格ならこのレベルの質感，高級感をとのイメージを持っている．このバランスが取れていれば値ごろ感があると感じ，これが購買動機に大きく影響する．最近，価格を表示しないオープン価格が話題になるが，値ごろ感をどのように出すか，研究すべき課題は大きく深いと考える．

5 新製品人気度調査とその活用

　ロングセラー商品は偶然その位置を確保したのではなく，それなりの訳"X"があるはずで，この"X"を解明すれば新製品開発時に参考とすべき点は多いと考え，この分析に取り組んだ．その結果，ヒントとすべき"X"を見出すことが出来，それなりの意義はあったと言える．

　しかし，開発者の一部から過去の製品を分析しても流行遅れだし，機能性も劣っているはずだ，参考にすべき点を設計に取り入れるとロングセラー商品のコピーになったり，新鮮味に欠ける製品になりかねない，と言った疑問や問題が提起された．

　こうした疑問点について果たして的を得たものかどうかを検証するために製品技術調査制度を活用してみた．製品技術調査制度とは，直近に発売される新製品の現品見本を販売関係部門に配布し，生産技術者が全国各地の販売，物流部門に赴き，その関係者とフェイス・トゥ・フェイスで製品の企画，設計や出来ばえを確認し，主に品質保証活動に活用している制度である．

　この調査に製品が売れそうか，売れそうでないかという製品人気度の項目を追加し，あらかじめ販売予測を立てておき，実際に好調に売れた製品や低迷した製品の特徴を突き合わせれば，ヒット商品開発のヒントや販売予測精度の検証が出来るのではないかと考え，調査を実施してみた．

　その結果，

　　① 製品の人気が高いと販売は好調に推移するという事例から，人気度を調査すればかなりの精度で販売予測が立てられることが判

明した．

② 人気度が高い製品イメージは豪華さ，輝き，品格，ハッピー感を感ずるなど，ロングセラー商品のイメージとほぼ重なっていることが確認出来た．

③ 新製品開発に当たって，製品本体のイメージや使用感，フィット感などが話題になる．しかし，例えこれらが優れていても梱包荷姿に不備があったり，品切れ，欠品などを発生させると販売部門の人たちに嫌悪感を抱かれ，販売が低迷することがわかった．これらに加え大局的見地での新製品開発のヒントが数多く得られることが確認出来た．

など新製品開発の具体的ヒントを得ることが出来た．

5.1 新製品人気度の調査方法

新製品発売数か月前に新製品現品見本品が販売関係部門などに配布される．これと前後して製品イメージや購買動機，新製品人気度などを調査するアンケート用紙を配布，1か月間"試用"した結果をアンケート用紙に記入していただき，回収，分析することとした．

「新製品人気度調査のスケジュール概要」を図-8に示す．

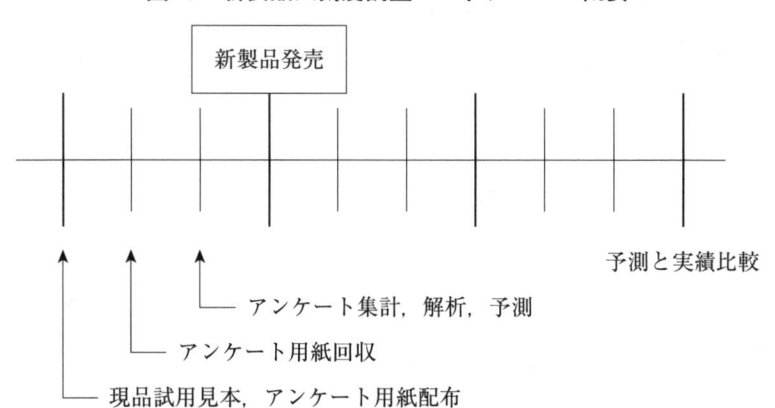

図-8 新製品人気度調査のスケジュール概要

5.2 人気度と販売実績

イメージ調査は自由記入形式とし，幅広いイメージ項目を集めるように配慮した．製品人気度はパネルが現品見本品を実際に"試用"し，実感した製品特徴を回答してもらうことにした．パネル全員が売れる，と回答したら"100"，売れないとしたら"0"となるように数値化した．

製品人気度は製品の種類，すなわち皮膚用化粧品，頭髪用化粧品，仕上げ用化粧品などによって販売ボリュームが異なるので，各製品群別に層別，分析することとした．

次に，A製品群の製品人気度と6か月間の販売実績を図-9「新製品人気度と販売実績結果」として示す．

これを見ると人気度が高い製品は相対的に販売実績が高く，人気度が低いと販売実績も低い傾向がうかがえる．しかし，人気度が70程度以上になると販売実績のばらつきは大きく，人気度が20～40位だと販売実績のばらつきは小さいことが分かる．このようなデータを蓄積すると一定の関係式が導き出せ，人気度の数値が判明すればそれなりの確率で販売予測が立てられる．

図-9は6か月間の累計販売実績だが，これが1年間，どのように推移したか代表的製品をピックアップしまとめたのが図-10「人気度と販売推移」である．

人気度が81～90と高い製品は販売初月より勢いがあり6か月位までは右上がりで売り上げを伸ばしている．しかし，中にはD製品のように6か月後からほとんど伸びない製品もある．

一方，人気度が低い製品，E，F，Gは6か月，1年経っても販売実績はほとんど上向くことはなかった．

人気度の低さを乗り越え，実績をアップさせるのは容易なことではない．このように見ると，新製品は発売初月で先行きがかなり読み取れる

図-9 新製品人気度と販売実績結果

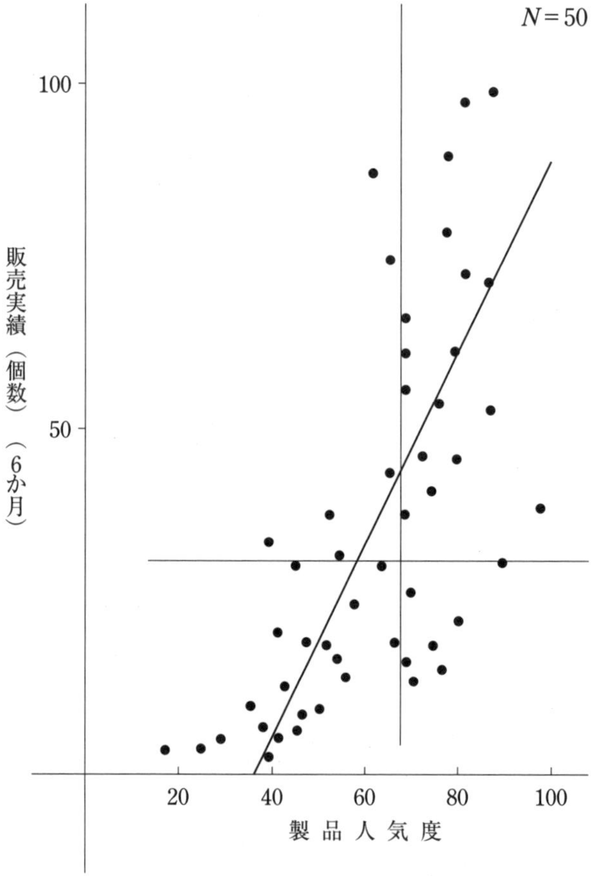

縦軸：販売実績（個数）（6か月）
横軸：製品人気度
$N=50$

ことが分かる．

　人気度が最も高かったD製品が6か月経って失速したので，これについて調査したところ，手に取り肌に塗布していると製品の"香り"がわずかに変化することが原因らしいと推測出来た．開発段階で厳しい品質検査を実施しているのだが，このわずかの"差"が把握出来ず，改めて官能検査のあり方が問われることとなった．

　好調，低調製品を1か所に集めイメージ調査をすれば，その特徴が把

図-10 人気度と販売推移

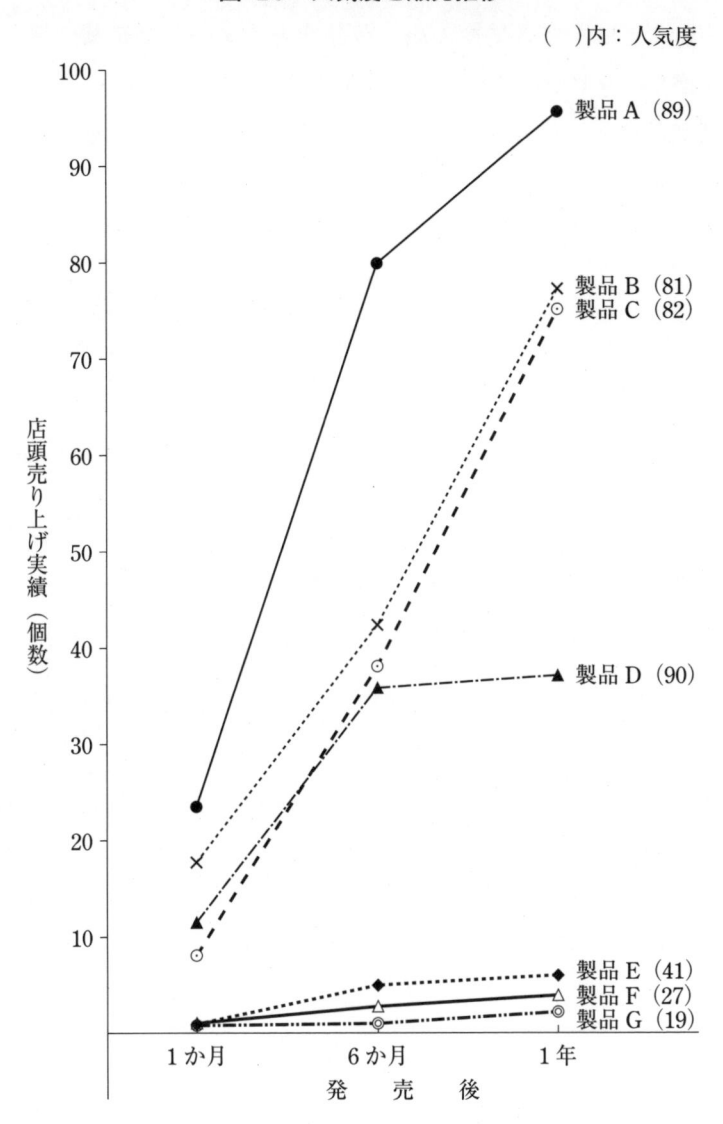

（　）内：人気度

店頭売り上げ実績（個数）

製品 A（89）
製品 B（81）
製品 C（82）
製品 D（90）
製品 E（41）
製品 F（27）
製品 G（19）

1か月　　6か月　　1年
発　売　後

握出来，そして，このイメージ調査結果とロングセラー商品の特徴を比較することにより，どのようなイメージ製品が顧客に受け容れられるか，より精度の高い情報が得られると考え調査を実施した．

　製品技術調査による好調，低調製品のイメージ調査結果をまとめたの

が図-11「人気度と質感,イメージ調査結果」である.

A,B,C,Dなど人気度の高い製品群のイメージは豪華,輝きがある,品格やハッピー感を感ずるなどである.

低調製品群E,F,Gは古い,暗いなどのイメージのほか,魅力を感じない,触りたくないなどである.

このように整理してみると,製品技術調査による好調製品とロングセラー商品のイメージは重なる部分が多いことが分かる.

図-11 人気度と質感,イメージ調査結果

(1年間の販売実績累計)

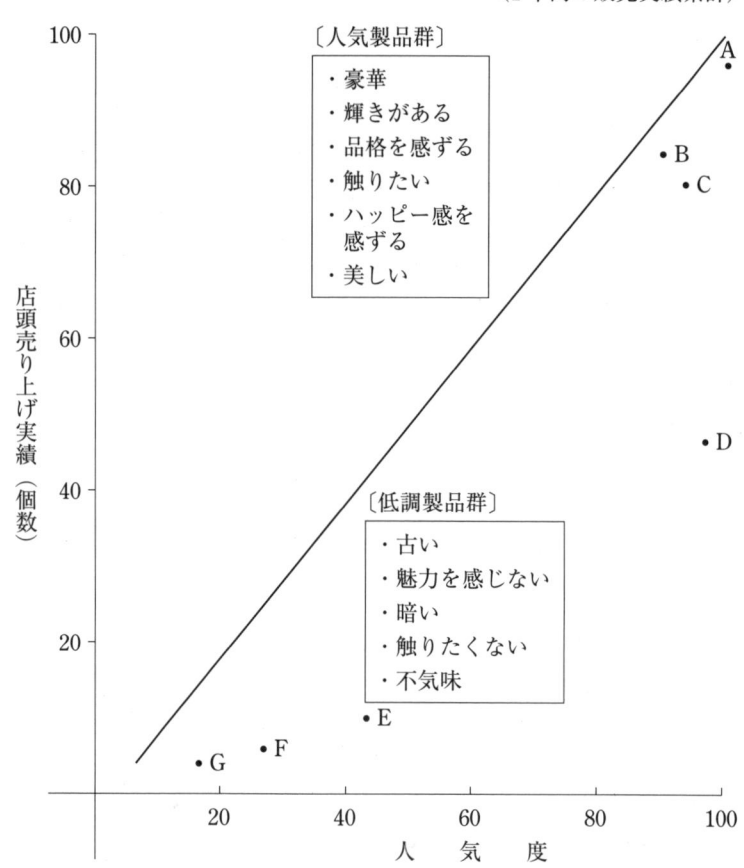

〔人気製品群〕
・豪華
・輝きがある
・品格を感ずる
・触りたい
・ハッピー感を感ずる
・美しい

〔低調製品群〕
・古い
・魅力を感じない
・暗い
・触りたくない
・不気味

5.3 人気度調査結果の活用について

製品人気度の項目を加えた製品技術調査を実施した結果をどのように活用できるか，その方法をまとめたのが表-5「製品技術調査とその活用」である．

表-5 製品技術調査とその活用

① 製品本体の企画，設計，イメージ，機能性などの方向性設定
② 梱包荷姿などを含めた総合的製品企画，設計手順設定
③ 生産対応への活用（品切れ防止，過剰在庫防止）
④ 品質保証のあり方とその精度検証並びに品質保証レベルアップの研究
⑤ 販売失速の原因調査，分析とその対応の仕方
⑥ 苦情，クレーム，"声なき声"の収集とその対応のあり方の検討
⑦ 宣伝，販売施策の実効性とそのあり方の検討
⑧ その他

製品技術調査結果によると販売が好調な製品は明るく，輝き，品格があるなどのイメージのほか，手触り感，使い勝手が良いなどであった．一方，低迷した製品は古い，暗い，触りたくないなどのイメージであった．しかし，好感を持たれ，順調に販売を伸ばしていてもなぜか実績に陰りが出てくる製品もあった．

これには出荷梱包荷姿に配慮が足りなかったり，生産，製品供給が追いつかず品切れ，欠品を発生させたり，品質に何らかの不具合が発生したのに気付かず放置していたなど，様々な要因のあることが判明した．

このような情報は生産技術者が販売，物流拠点に赴き，担当者とフェイス・トゥ・フェイスで情報交換し肌で感じ取ったものである．

製品技術調査は数値化しにくい情報が得られるなど，実施する意義は大きい．

6 新製品開発のヒントを探る

　新製品開発に当たって製品の質感や手触り感などが重要な要素であることが確認出来たが，これらは五感に頼っており，ものづくりにおける五感の役割とその活用は重要なテーマと位置付けられる．このため，香粧品開発における五感の役割，そして，製品イメージ，質感，使いやすさなどとの係わりを調査すれば，売れる新製品開発の具体的着眼点，ヒントが得られると判断しこれらの課題に取り組んでみた．

　その結果，
　① 各人，各々の商品に対してそれなりのイメージを持っており，このイメージに合わないと購買に結びつきにくいようである．
　② イメージは製品個々で異なるので，新製品開発に当たっては，消費者が各々の商品にどのようなイメージを持っているか，外観，色調，大きさ，重さ，手触り感，香り，容器開閉時の音などを調査しておくことが必要である．
　③ 製品品質には製品出来ばえのハード品質とイメージ，キャッチコピー，質感などのソフト品質があるとする．ハード品質は物理，化学的などの方法によりそれなりに評価出来るものの，ソフト品質はファジーな部分が多くその姿を把握することは難しい．しかし，香粧品のように嗜好性の高い製品はファジーなソフト品質をしっかりと抑え，製品化に取り組まないとヒット商品の開発は甚だ困難である．

ことなどが読み取れた．

6.1 ものづくりにおける五感の役割

化粧品や化粧用具，そして，これに関連する原料，資材，パッケージなどの品質評価は外観，色調，使用感，においなど五感を幅広く活用している．これについてまとめたのが表-6「香粧品，質感評価項目」である．

主な評価項目は外観，色調，使用感，においなどで，味や音などは余り関心を持たれないが，時に，これらの項目が製品の出来ばえ，イメージを大きく左右することがある．

例えば，口紅や紅筆に"にが味"があれば商品価値を失ってしまう．容器を開閉した時，きしみ音が発生すれば製品イメージは著しく低くなる．

このように整理してみると，ものづくりにおいて五感全てを活用して製品出来ばえを確認する必要のあることが分かる．

表-6 香粧品，質感評価項目

(主な評価項目：○印)

素材・製品	評価項目	視覚		触覚	嗅覚	味覚	聴覚
		外観	色調	使用感	におい	味	音
原料		○	○	—	○	○	—
資材・パッケージ		○	○	○	○	—	○
製品	スキンケア	○	○	○	○	—	—
	メーキャップ	○	○	○	○	—	—
	口紅	○	○	○	○	○	—
	ボディー	○	○	○	○	—	—
	頭髪	○	○	○	○	—	—
	フレグランス	○	○	○	○	—	—
化粧用具		○	○	○	○	○	○

五感の活用には主観的に好き，嫌いで判断するケースと，いくつかの製品やサンプルの差を比較するケースがある．五感を活用して製品の出来ばえ確認や検査に取り組むことを官能検査と言っている．

官能検査では主観的に好き，嫌いで判断することを嗜好型官能検査，客観的に差を見分けることを分析型官能検査と言っている．

嗜好型と分析型官能検査には次のような特徴がある．

官能検査の種類と特徴

種類		特徴
嗜好型	主観的評価	① 各人の好みにより評価するので客観的尺度は必要ない． ② 新製品企画，開発などで活用することが多い．
分析型	客観的評価	① 標準品，限度品など客観的評価基準が必要． ② 嗜好差によって検品，検査結果に影響を与える．

製品企画，設計段階では好き，嫌いなど嗜好的にものをとらえる嗜好型官能検査が行われる一方，参考品などと比較，分析する，分析型官能検査も活用されている．

生産段階に入ると，企画，設計に沿って忠実に製品づくりに取り組むことが求められる．このため，基準となる標準品，限度品，規格などを整えることが必要になる．

分析型官能検査を実施するに当たって，標準品，手順書などの整備は欠かせない．さらに重要なのが検査に当たる検査員，一般的には官能検査パネルと言っているが，このパネルの識別力確認が必要である．標準品Aに比較しサンプルBは差がない，と判断した時，あらかじめパネルの識別力を調査しておかないと，A，Bを識別する力がなかったのか，A，Bに差がなかったのか分からない．

販売活動では，お客様の好みが尊重されるので官能検査的には嗜好型に重点があると言える．

苦情，クレームには，新製品を購入して実際に使用してみたが"好み"に合わない，というケースと，今まで愛用していた同一製品を購入，使用してみたが何となく異なるという2種類がある．前者は嗜好型，後者は分析型のケースで各々のケースによってその対応を変える必要がある．

例えば，お客様がこの新製品はおかしい，気に入らない，と申し出られた時，苦情，クレームだ，製品に異常がある，と考え標準品と比較しても"異常なし"との結果になる．嗜好型の問題を分析型で解決しようとしていることに気付かないため，苦情，クレーム対応がこじれることもある．

ものづくりにおいて官能検査はどのように活用されているか，それをまとめたのが表-7「香粧品生産における官能検査の活用」である．

生産現場で標準品に従って品質検査や検品作業に取り組む時，担当者の嗜好や"くせ"によって良品を不良品としたり，不良品を良品とするケースもある．生産現場で分析型官能検査を的確に実施することは容易なことではない．このため，標準品の設定，管理や検査員，検品作業者などへの指導，育成は欠かせない．

6.2　製品イメージ，質感などの評価手順と評価結果

製品イメージや質感，使用感などは愛用者の嗜好性に左右され，千差万別と考えられる．しかし，一方では多くの人に支持，愛用されヒット商品やロングセラー商品が出現することは，消費者に共通して受け容れられる"X"という何かが存在するはずと考えられる．

このため，新製品開発に携わっている15名（男性5名，女性10名，年齢20〜40代）をパネルとして様々な製品の"X"をなるべく定量的に探

表-7 香粧品生産における官能検査の活用

工　程		主に嗜好型	主に分析型
新製品企画情報収集		・市場・顧客調査 ・製　品　企　画	・他社製品，自社現行製品分析
設　　計		・デザイン・仕様決定 ・容器，包装材など　←→ 　　　　材質決定 ・中味特性決定	・参考品との比較，分析
試　　作			・原料，容器包装材仕様決定 ・試作，研究，評価
生産	購買管理		・購買規格決定
	工程管理		・標準品・限度品設定 ・工程管理・標準化
	検査管理		・検査規格 ・検査手順 ・検査員訓練
販　　売		・販　　売	
消費者調査苦情・クレーム		・製品満足度 ・苦情対応	・品質調査

り，ロングセラー商品やヒット商品の特徴と重ね合わせ，商品開発の具体的着眼点を見出したいと考えた．

　調査方法はヒット商品，ロングセラー商品，話題性のある製品，低迷した製品など現品を集め，パネルを5名ずつ3グループに分け，フリーディスカッションで各製品のイメージや試用しての感想，評価などを話しあってもらい，その結果を外観，形，色調，手触り，使用感，手にした時の重さ，におい，味，音など感覚別に分類した．

　この調査実施中に気付いたことは，各人評価するのに"手順"，"くせ"があり，評価の途中で意に満たない点があると残った項目を評価せ

ず，その時点で製品を放りだしてしまうことであった．

例えば，最初に製品を手に取り1個ケースや製品本体をみる．この時，製品のイメージや商品名などが自分の持っているイメージに合わないと子供っぽいとか，○○用品のようだと言って評価を止めてしまう．

製品イメージと商品名が一致していると，次に1個ケースから製品本体を取り出し，ここで1個ケースと製品本体のイメージが合っているか確認する．合っていないとアンバランスだ，センスを感じないと言って以下の評価をしない．そればかりか，その時点で最終製品評価をしてしまう．例え，製品の機能性や使い勝手が良くてもこれらは評価の対象外となってしまう．

これらの評価の進め方を参考にして新製品開発時の主なチェック項目，留意点を表-8「製品イメージ，質感評価手順とチェック項目概要」として整理した．

6.3 質感，高級感への人間工学的アプローチ

製品の総合的質感，高級感などの調査でパネルが描いているイメージ，期待感と大きくずれていると，その時点で当該製品に対し興味と関心を失ってしまうことは製品開発にとって見逃せない課題である．

興味を失う過程を観察していると，外観イメージだけでなく製品を手にした時の"なじみ"，"重さ"，"長さ"，そして容器開閉時の音や香りなど，五感全てを活用し製品イメージを構築していることが分かる．

このため，重量，長さなど定量化出来るものは極力数値化し，ロングセラー商品やヒット商品と低調製品との相違を見出そうと試みた．

そのいくつかの事例を挙げてみたい．

例えば，クリームの重量だが，中味容量 30～50 g，製品総重量 120～200 g だと好感を持たれる．ところが 200 g 以上になると重いと感じ，120 g 以下だと軽くて安っぽい，とのイメージを持たれる．30～50年前に開発され，今日，ロングセラー商品となっているものの中味

表-8 製品イメージ，質感評価手順とチェック項目概要

NO	手　　順	チェック項目	留　意　点
1	製品全体のイメージを観察する	各人が持っている製品イメージと製品名，製品の種類，用途，機能などが合致するか．	各人，各々の製品に特有のイメージを持っており，これから大きくずれると受け容れない．
2	1個ケースより製品本体を取り出す	色調，デザイン，価格，中味容量と1個ケースの大きさとのバランスが取れているか．	製品中味容量に比較して1個ケースが大きいと騙されたとの感じを持たれる．
3	製品本体を手にしたときの感触	手にした時の手触り感（ざらざら感など），重さ，長さ，手へのフィット感など．	手にした時，ざらざら感や突き出た部分があると製品のつくり方が"雑"とのイメージを持たれる．
4	容器の開閉	開閉時のきしみ音など	きしみ音が出ると商品価値を失う．
5	中味の取り出し方	中味の取り出し方と製品価格，高級品，普及品などとの整合性をみる．	高額，高級品をうたっているクリームは指で直接中味を取り出すことなど受け容れられない．
6	中味を出した時の形状	使用前，中味を出した形状での製品イメージ，中味の"こく"の程度などを評価する．	乳液など中味が水っぽいと安っぽいとの印象を持たれる．
7	中味の使用方法	直接肌へ塗布するのか，化粧用具を使用するかなど，使用方法が適切に提案されているか．	化粧品は化粧用具と表裏一体の関係にあり，使用方法の提案の仕方によって製品のイメージが左右されることがある．
8	使用時の変質など	製品を実際に使用し，変質の有無を確認する．	フェーシャル製品など両手でこすると変質することがある．特に，変臭すると商品価値を失う．
9	使用後の感覚	しっとり，さっぱり感，塗布した時の色調，香りなど製品特徴，機能との比較．	使用した時，使用した，と実感出来る製品設計が必要．
10	使用後の製品落とし，洗顔	使用後，洗顔やメーク落としなどの方法，製品などが紹介されているか．また，紹介した製品がその機能を果たすか．	どのような方法で洗顔したりメーク落としするかの提案も大切．

容量は30〜50g，製品総重量が120〜200gの範囲に全て入っていた．当時の商品開発者がそれなりのノウハウを持っていたものと感嘆した．

　化粧水は中味容量120 ml（ガラス容器），製品総重量280〜300gが丁度良い重さとされた．ロングセラー商品はこの範囲に納まっていたが，中には中味容量170 ml，樹脂容器で総重量230gのものがあり，安っぽいとのイメージを持たれた．

　乳液や化粧水はパッケージや中味容量を同じにしたシリーズ製品が多い．乳液は1回当たりの使用量が化粧水のおおよそ1/2である．同一重量の乳液，化粧水の重量感を調査すると，なぜか，乳液の方が重い，と感ずるパネルが多かった．容量はただ多ければ良い，というものではなく，使用量，美容法，製品総重量などのバランスをみて総合的に決める必要があると考えられる．

　口紅製品本体の重量をみると，総重量15g以下だと安っぽい，25〜27gだと重量感があり高級品とのイメージであった．

　このように重さ一つみても各々の製品に"重さイメージ"を持っており，このイメージより軽いと安っぽい，適度に重量があると高級感があると受け取られる．余りに重いと持ち運びに不便ないし，使い勝手が悪い，ダサイ製品と烙印を押される．

　大きさについて言えば，クリームキャップの直径が5.5〜6.5 cm程度だと開けやすい，これ以上大きくなると開閉しにくいとの声が出てくる．化粧水のキャップは3 cm程度だと開閉しやすいが，これ以下だと転がってしまいそうで不安とのイメージを持たれる．

　化粧水など容器の太さ（直径）と長さの比率が一定以上あると倒れそうと不安を持たれる．

　化粧水類などの中味容量が300 ml（ガラス容器）程度以上の製品になると大き過ぎ，凶器になりそうで怖い，と感ずる者もいる．

　"中味の出方"も製品質感，高級感に大きい影響を与える．例えば，

表-9 フェーシャル製品

分類	項目	クリーム	乳液	化粧水
総合イメージ		・安心感，安定感のあるイメージが好まれる．	・"乳液"の商品名，時代遅れ，美容液なら買いたい． ・乳液，保湿機能性感じない．	・化粧水と言う商品名，安っぽい．
外観	大きさ	・直径5cm程度．	・容器直径5cm，高さ22cm以上になると大き過ぎるイメージ．	・容器底辺直径と高さの比率が一定以上になると倒れそうで怖い感じを持たれる．
外観	形	・キャップが円形，天面より下部が数ミリ短いと開けやすいと好評．	・中栓がついていないと安っぽい． ・キャップが小さいと使いにくいとのイメージ．	・キャップが小さいと使いにくそう． ・丸っぽいキャップはオモチャの感じ．
色調		・中味，白色が好まれる．	・中味白色以外の色調の時，なぜか納得出来る説明を求められる．	・無色透明は，使っていて手応えなく機能性も低いと受け取られる．
感触・使用感	製品手触り感	・容器を手にした時，しっかりと中味イメージが湧くのも好評．	・容器スクイズ性があると中味が水っぽく安価に感ずる．	・ガラス容器が好まれる．樹脂容器は考えられないと排除．
感触・使用感	取り出し方	・容器から指で直接の取り出しは安っぽい．ヘラなどの治具必要．	・瓶口から直接取り出すのは安っぽい感じ．	・中栓つき，2〜3回振って1回の使用量が出るのが好ましい．
感触・使用感	取り出した状態	・手にした時，垂れるのは中味薄く，安っぽいの印象．	・手のひらに取った時，パール状だと高級感，ベチャッとしていると嫌われる．	・中栓穴径3.4mm，2〜3回振って出る量0.35g好評．径2.8mm，2〜3回で出る量0.20gやや少ない．
感触・使用感	使った感じ	・しっとり感が好まれる．	・しっとり，さっぱり感が出るのが良い．	・"さっぱり感"が好まれる．
感触・使用感	重さ，重量	・総重量120〜200g範囲が好感．中味容量30〜50g好感．	・使用量，化粧水の1/2なので容量120ml，ガラス容器，総重量300gは重く感ずる．	・中味120ml，ガラス容器，総重量280〜300gが丁度良い重さ．230gでは軽く，安っぽいと感ずる．
におい		・金属臭，こげ臭，青臭など異臭としてクレームになりやすい．		
味		・にが味は製品として受け容れられない．		
音		・容器開閉時のきしみ音は受け容れられない．		

表-10　頭髪製品（シャンプー・リンス）

項目	分類		シャンプー・リンス
総合イメージ			・容器が軟らかいと中味が薄く，安っぽい感じ． ・容器，あまり文字が入りすぎていると購買意欲湧かない．
外観	大きさ		・肩が出ている容器デザイン，イヤ．
	形		・シャンプー・リンスを並べた時，隙間が出来ると買いたくない． ・キャップが小さいと安っぽい感じ．
	色調		・容器赤，キャップ白はアンバランス． ・白，ピンク，黄は，大衆商品に多く，安っぽいイメージ．
感触使用感	製品手触り感		・容器が軟らかいと中味水っぽく，安いイメージ．
	取り出し方		・ポンプが一般的，直接取り出す時は出しやすさが大切．
	取り出した状態		・手のひらにベチャッとした感じ，安っぽいイメージ．
	使った感じ		・髪がばさつくと嫌われる．
	重さ，容量		・シャンプー，リンス中味220ml，樹脂容器，直径4.5cm，高さ17.5cmが持ちやすい．350ml以上は重いとのイメージ，中味500ml以上は中味取り出しにポンプ必要．
におい			・トイレ用品に重ならないことが必要．
味			・にが味は製品として嫌われる．
音			・落とした時，バシャッという感じの音は最初から破損していたと受け取られクレームになりやすい．

表-11 メーキャップ製品（口紅）

分類　　項目		口紅
総合イメージ		・スチック状，スリムタイプとも口紅としてのイメージが定着している．
外観	大きさ	・中味直径5〜6mm，細くて価値ない．棒状10〜12mm，価値ある．
	形	・ペンシルタイプ，スマートさが感じられる．
色調		・容器黒色，高級感．
感触使用感	製品手触り感	・指紋がつくのは嫌われる．
	取り出し方	・スチック状，中味出しやすいので好まれる．
	取り出した状態	・スチック状，外観につや，輝きがないと商品価値認められない．
	使った感じ	・つや，輝きがないと商品としての価値低い．
	重さ，容量	・総重量，15g程度は軽く安っぽい．25gになると高級感．
におい		・微香，無臭が好まれる．
味		・にが味は商品価値失う．
音		・キャップ開閉時，スレ，きしみ音，商品価値失う．

チューブから中味を出した時，蛇行すると幼虫みたいで気持ち悪いと感じ製品の価値を大きく損なう．一方，球状で取り出せるとパール感があり高級品とのイメージを持つようである．これらの調査結果の概要について，表-9「フェーシャル製品」，表-10「頭髪製品（シャンプー・リンス）」，表-11「メーキャップ製品（口紅）」，表-12「化粧用具」，表-13「メーク落とし」としてまとめた．また，中味の出方によるイメージの相違，重量感，手触り感など調査時の写真を添付しておいた．

表-12 化粧用具

分類　項目		紅筆	ビューラー	くし	はさみ
総合イメージ		① 化粧用具はポーチに入れることが多い，ポーチの大きさが25cmほどなので，20cm以上は無意識に大き過ぎると感じ避ける傾向． ② 紅筆，ビューラー，はさみなどの金属製は高級イメージ，樹脂製は安っぽいイメージ			
外観	大きさ 形	・太さ0.8cm，長さ12.0cm好評．太さ1.0cm以上はボールペンと重なりイメージ落ちる．	・使用する時，恐怖感を感じないように全体に丸味をもたせたデザインが好評．	・くしの目が粗いと，つくり雑な感じ． ・22cm以上は巨大な感じ	・切れそうなイメージのデザインに人気．
	色調	・ポーチに入れ，他の製品と識別しやすい色調好評． ・ボルドーレッド好評．	・シルバー色が定番．	・黒ないし茶系のイメージ強い．	・シルバー系の色調が好まれる．
	感触，使用感	・ざらざら感は嫌われる． ・軽くても見た目の重量感が必要，高級品とのイメージ 紅筆は6.7g	・持ちやすさ，手へのフィット感が大切．	・洗いやすさが大切． ・ある程度重くないと使用していて手応えない．好まれる重量35g程度．	・持ちやすさ． ・切れ味が大切． ・陳列ケースと保管ケースの使い分けが分かりやすいものが良い．
	におい 味 音	・におい，無臭 ・味，無味 ・開閉で音がしないのが良い．	・におい，無臭 ・味 ― ・音 ―	・におい，無臭 ・味 ― ・音 ―	・におい ― ・味 ― ・音，気持ち良く切れる音が好まれる．

　売れる（新）製品は美しく，輝き，品格などがあり，製品使用目的に適合した中味容量や重量感，そして，大きさなどのバランスが取れ，かつ，手になじむ感触，容器開閉時に重厚感のある音がするなど特徴のあることが判明した．

　このような製品開発に取り組むとき，企画・設計・生産力などのレベ

表-13 メーク落とし

項目	分類	シート	液体	泡状
総合イメージ		① "メーク落とし"製品は薄いブルー系のイメージ，これがグリーン系に近づくと洗顔クレンジングフォームと重なる． ② デザイン流れるイメージ，トイレの流すと重なり嫌われる．		
外観	大きさ 形	・包装方法 　トラベル用，家庭用で大きさの好み異なる． ・シートの大きさ 　縦，横7×11.5cm位が好まれる．	・容器底辺7cm，上部5cm，高さ12cm程度がバランス良く安定感あり使いやすいイメージ．	──
色調		・容器，パッケージ，ブルー系が好まれる． ・シートは白系	・ブルー系ないし薄いむらさき系好評．	──
感触，使用感		・シート不織布，目が粗いと肌に悪いとイヤなイメージ． ・不織布への中味含有量3.0～5.0ml/枚 　少ないとバサバサ感強く，落ちにくく肌に悪いイメージ．	・液状だとポイントメーク落としに効果ありそう，のイメージ高い．	・泡状のメーク落としは洗顔フォーム，ハンドソープに重なり，なじまない．
におい		──	──	──
味		──	──	──
音		・容器開閉音が高いと安っぽいイメージを持たれる．低重音，高級感のイメージ．	──	──

ルアップ，仕組み，組織開発力，さらに開発マネジメントのあり方，そして，新製品開発者の適性，選定，育成力など，大きく，重い課題のあることに気付く．

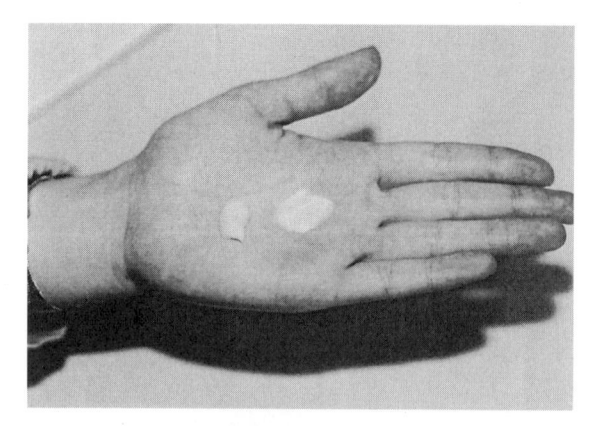

中味の出方，形状によって製品に対するイメージが異なってくる．

適度の重量があると高級感がある，と感ずるが，軽いと安っぽい，とのイメージを持つ．

ざらざら感のある製品はつくり方が粗雑，安っぽい，と連想される．しっとり，手になじむと高級感があると感ずる．

7 新製品開発体制の構築

　新製品開発方針や方向性を明確にし，仕組み，組織など環境を整え，開発に取り組んでも遅々として進まなかったり，努力した割に，業績に寄与しないケースがある．

　この要因を調査してみると，開発責任者が不明確で組織が本来の機能を発揮していなかったり，リーダーのマネジメントに至らぬ点が多々あったり，開発者の適性を十分把握しないで，成り行きまかせで業務を担当させているなど多くの課題のあることに気付く．

　開発テーマ選定の責任者を明確にしておかないと，担当者は興味や関心のあるテーマには熱心に取り組むものの，業績に結び付かないケースも出てくる．

　仮に，テーマ選定が適切でも，リーダーのマネジメントに問題があると開発担当者はやる気を失い，職場の雰囲気は暗く，冷たくなり新製品開発など望めなくなる．

　例えば，リーダーの指示に疑問を持った部下がこれを質したり，自分の考えを提案したとする．しかし質問や意見をリーダーに対する反抗と受け止め，これを聞き容れないばかりかこの部下を遠ざけたり，時には開発業務からはずしてしまう．

　これを見ていた他の部下は積極的に発言することを控えてしまう．一見，リーダーの下，みな力を合わせて業務に取り組んでいるように見えるが，ここに気付かないと恐ろしい落とし穴が待ち構えている．

　このようなリーダーの下では馬鹿馬鹿しくてやっていられないと，突如，多くの技術者が職場を去る．すると，開発力はおろか技術の伝承さ

えままならない状態に陥り，会社経営が窮地に追い込まれることさえある．

また，昨今，早期退職を奨励する例も多い．昨日まで会社，職場のためと心血を注ぎ努力してきたのに，経営の危機だ，会社，職場を思うなら会社の要請に応えて欲しいと退職を奨励する．

こんな上司に付き合っていられない，と多くのベテランが職場を去る．当然これに伴って技術や技能も空洞化する．残ったものに思う存分力を発揮して欲しいと叱咤激励する．しかし，技術，技能の基本が十分伝承されていないので空回りするばかり，当然のことながら品質トラブル，クレームが多発し業績に何らかの影響を及ぼす．すると，この責任を明確にしなければならないと，昨日まで早期退職を奨励した実務責任者にその矛先が向けられる．

中には，早期退職を奨励しても余剰人員が出る職場もある．緊急避難的に適性も考えず開発部門に異動させ，それなりの業務を担当させる．このため職場が大混乱に陥るケースも出てくる．

このようなことから，新製品開発に当たって組織の構築とその機能を発揮させるマネジメントのあり方，さらに開発者の適性を配慮しての人材活用などに正面から取り組まないとまともな新製品開発は望みにくいと考え，

① 新製品開発のための機能的仕組み，組織構築のあり方．
② この組織を円滑に稼動させ，かつ，担当者のモラールを高めるマネジメントのあり方．
③ 開発者の適性や選定，育成のあり方．

などについてまとめた．

7.1 新製品開発のための機能的仕組み，組織構築

仕組み，組織整備に当たっては企業，事業所規模や人材の有無によっ

て異なってくる．図-12「新製品開発組織（例）」は中堅メーカーの事例である．組織としてはそれなりに整備されているものの新製品開発のスピードが遅い，テーマ選定は担当者に任せているため開発に取り組んでいる割に業績に結びつかない，取引先などからの新製品提案に対し責任部署が明確でないためいつまでも放置しておくなど，様々な問題を抱え

図-12 新製品開発組織（例）

```
                              社　長
          ┌───────────────────┼───────────────────┐
      企画・管理部          技術開発部            販売部
      ┌────┬────┬────┐   ┌────┬────┬────┐   ┌────┬────┐
    総務 経理 企画  　  技術 新製品 生産      販売・ 販売
    グル グル ・管理    グル 開発   グル      営業企画 グル
    ープ ープ グルー    ープ グル   ープ      グル    ープ
              プ            ープ              ープ
```

取引先提案 →　　　　　　　　　　　　　　技術開発
　　　　　　　　　　　　　　　　　　　　市場情報収集
　　　　　　　　　　　　　　　　　　　　社内アイデア募集

商品開発委員会
① 運　営 　　月1回，定例 　　必要に応じ随時
② メンバー 　　社長，部長，関係者
③ 内　容 　　開発テーマ決定，製品化提案 　　確認，進度確認，試作，開発 　　先，提携先決定
事務局　新製品開発グループ

共同開発関係部門 ←→　　　　　　　←→ 販売取引先関係部門

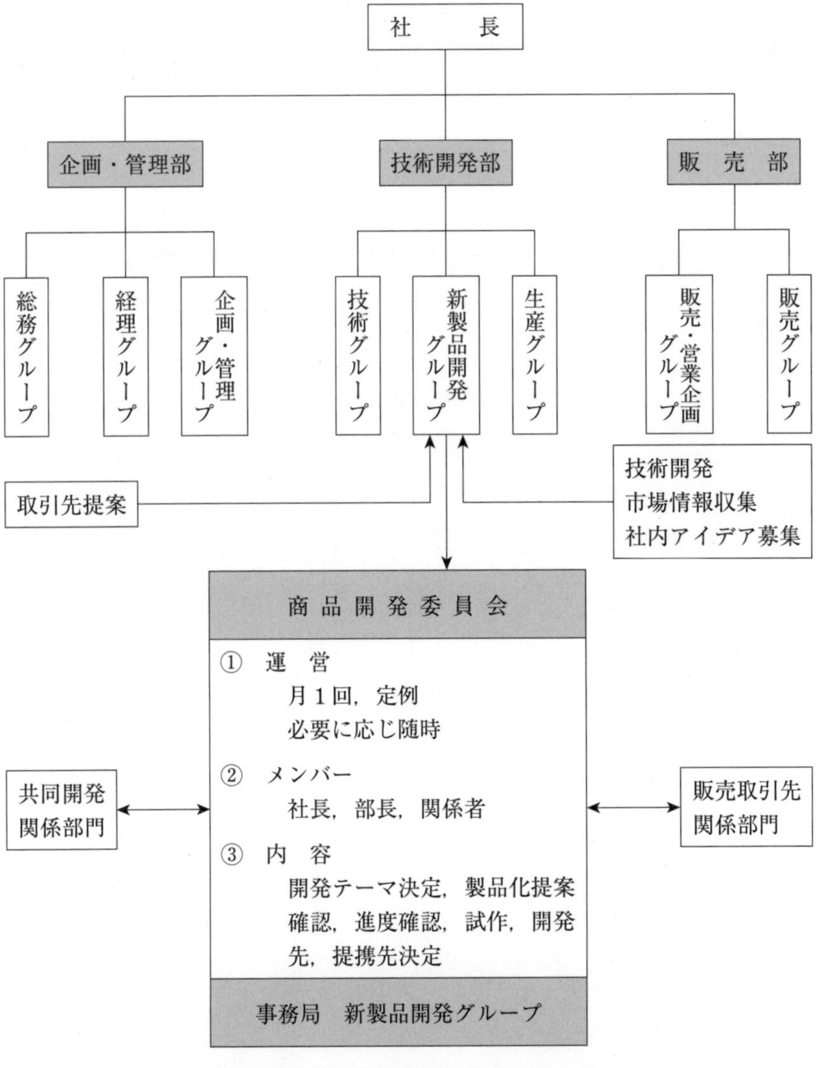

ていた．

　これに対して取った対応策は，新製品開発に関する取り組み方を大幅に変更し，組織の機能性を高めることであった．すなわち，社長，部長，関係者をメンバーとする商品開発委員会を設置，この事務局に新製品開発グループを当て新製品に関する情報を一本化した．商品開発委員会では取り組むテーマの決定やその進度確認，関連する技術開発への取り組み方などを検討することとした．

　このように取り組み方を変えただけで新製品開発のピッチは早まり，業績に寄与する製品開発にもいくつか成功した．すなわち，情報の共有化と責任の明確化，さらには大局的見地からのスピード感ある適切な判断は新製品開発には欠かせない要素であることが分かる．

7.2　新製品開発のマネジメントについて

　新製品開発に当たり，直接，指導，監督するリーダーの力量は成果，業績に大きい影響を与える．職場の実態を調査しどのように指導，監督に当たったら良いか，これを分析し，あるべきマネジメントの指針を作成する意義は高いと考え，これに取り組んでみた．

　新製品開発などに関するマネジメントのあり方についてA，B2事業所で男子25名，女子4名，計29名から聞き取り調査を実施した．

　その結果，おおよそ100項目の問題が指摘された．その中で多く出されたのが指示に関するもので，例えば，指示をしないで放置している，困った時，助言を求めると工夫してやれ，それをリーダーとして評価すると言い，適切な指導，助言はしない，あるいは指示はするが途中経過の報告，結果の報告も求めない指示のしっ放し，などであった．

　また，部下が苦労して結果を出すと，成果はリーダー，失敗の責任は部下に押しつけるなど責任に関する問題も多く指摘された．

　これらを分類，整理し表-14に「新製品開発，リーダーに対する部下の感想」としてまとめた．

表-14 新製品開発，リーダーに対する部下の感想

調査方法　① A，B事業所
　　　　　② A事業所：男子16名
　　　　　　 B事業所：男子9名，女子4名，合計29名
　　　　　③ フリーディスカッション
　　　　　　 所要時間：2～4時間

NO	項目分類	内　　　容
1	指示，命令力 報告の受け方	・指示しない． ・仕事は指示するだけ．途中経過，結果報告を求めない．
2	判断，決断力	・必要なときに的確な判断をしない． ・皆に関係あることでも何の相談もしないで一人で決める． ・職場の目標は皆で決めて，と自分の考えを言わない．
3	積極的傾聴	・部下が報告しても質問，指示など一切しない．報告書は受け取るだけ． ・人事異動を，周囲のこと，本人の意向など無視して決める． ・自分の意見を最初に主張する．
4	コミュニケーション力	・上司と部下のコミュニケーションが図れない． ・報告を進んで求めない．
5	指導，育成力	・仕事に精一杯で部下のことなど考えない． ・どんなに努力しても結果が悪ければぼろくそに言われる． ・ミスをするとそこまで言わなくても良いだろうと思うことまで言う． ・褒めることはしない，失敗すればぼろくそに言う． ・失敗すると，所かまわず叱る． ・何をするにもアドバイスはしない，勝手にしたらという感じ． ・仕事を任せることをしないで，細かいことでも報告しないと起こる． ・部下の指導，育成など全く考えていない． ・仕事は丸投げ，報告を求めることはない． ・部下の適性など考えず思い付きの人事異動をする．
6	積極性	・自分が担当する部門のことだけ考える． ・目標は達成可能なものだけに限定している．

NO	項目分類	内容
7	責任感	・上司の言うことはごもっともで何でも聞く． ・上司に指示されると職場の実情を説明しないで何でも受けてしまう． ・なぜこの仕事をするのですかと尋ねると上司の指示だからと言う． ・責任は部下に押し付ける． ・自分の在職中のことだけ考えている． ・自分に甘く，部下には厳しい． ・自分の在任期間だけ仕事がうまく行くように考え会社の将来は考えない．
8	向上心	・業務に必要な最低限の知識がない．
9	コスト意識	・コスト削減，部下には厳しく求めるが自分は無駄遣いをしている．
10	経営意識	・会社の方針など口に出さない，無関心．
11	業績評価	・部下の業績は自分ひとりの業績とする． ・部下の業績評価は一人でして，なぜそのように評価したか一切説明しない．
12	人柄	・何を考えているのか分からない． ・感情的，好き嫌いで判断する． ・小さいことでもおおげさに言う． ・気持ちが狭い． ・身だしなみ，だらしない． ・大雑把だ． ・何でも口を出さないと気が済まない． ・暇を持て余すとなんの準備，議題も決めないで部下を集め打合せをする． ・公私の区別なくだらしない． ・酒を飲みに行くとお説教ばかりする． ・いつもピリピリしていて近付きにくい． ・何でも細かいことを聞きたがる． ・部下を馬鹿にしたようなものの言い方をする． ・上司にはただハイ，ハイと言って従うが部下の前では胸を張り強く出る． ・部下が私生活で困っていてもプライベートのこと，として相談にも乗らない．

表-15 部下が望む理想のリーダー,マネジメント

① 業務全般の知識を持っている.
② 自分の考えを持ち,目標,方針は自分で立てる能力を持っている.
③ 冷静に判断する.
④ 会社全体,全体最適を考え業務に取り組む.
⑤ 公私の区別をする.
⑥ 部下の甘えはいましめる.
⑦ 目的,本質をしっかり押さえておく.
⑧ 責任転嫁しない.
⑨ 率先垂範.
⑩ ミスはミスとして追及する.
⑪ 適切な業績評価をする.

　これらを様々な角度から分析し,理想的なマネジメントのあり方についてまとめたのが表-15「部下が望む理想のリーダー,マネジメント」である.
　このように整理してみると,部下はリーダーに対してリーダーとしての見識をしっかり持って部下の至らぬ点は指摘して欲しいと思っており,相互信頼のもと,業務に取り組み,期待に応えたいという気持ちが伝わってくる.
　しかし,ここで問題として各人が持っている力をどのように見極め,これを伸ばし,仕事にぶつけてもらうかがクローズアップされてくる.

7.3 開発者の適性,選定,育成

　新製品開発に当たるものをどのような目安で選定しているかをみると,職歴,専攻学科,職場都合,そして感性,センスなどを勘で見極めるのが一般的である.五感による微妙な差を問題とする製品開発において,この差が識別出来ないと何かと支障を来すはずだが,このような点について明確な基準を設定している例は少ない.開発者をどのような目

安で選定したら良いか，ヒントを得ようと担当者15名について，識別力や発想力，そして流行への関心の高さなどと業績評価の実態調査を実施してみた．

識別力については，化粧水類のにごりマッチングテスト，色調は色彩弁別器による識別力，使用感は化粧水類のマッチングテスト，においは3個1組となっているサンプルから異なるものを検出する3点識別試験を行い，発想力はA製品の再利用について，流行への関心の高さは最近の街角変化について一定時間内に思いつくだけの件数を出してもらっ

表-16 新製品開発者，アイデア発想力・識別力と業績評価調査結果

開発者	性別	年齢	前職	アイデア発想件数	街角変化件数	外観にごりマッチング(試料7組)	色調識別力(色彩弁別器)	使用性マッチング(試料7組)	におい3点識別(試料8組)
A	女	34	販　売	17	18	7	0	5	6
B	女	22	新　卒	10	12	7	0	5	7
C	女	34	販　売	13	14	5	16	2	5
D	女	26	販　売	12	15	7	16	2	3
E	男	29	生　産	12	18	0	10	3	4
F	女	34	デザイン	10	9	7	33	0	6
G	女	29	技　術	6	15	6	0	7	3
H	女	39	販　売	6	8	7	11	0	5
I	女	23	新　卒	6	18	7	68	1	4
J	女	24	デザイン	17	7	7	0	2	7
K	男	21	経　理	6	5	5	32	3	8
L	男	46	技　術	10	12	4	32	5	6
M	男	29	技　術	12	14	7	44	1	4
N	女	20	総　務	4	12	5	72	1	6
O	男	23	技　術	18	16	5	4	1	7
平　均				10.6	12.5	5.7	22.5	2.5	5.4
						正解4個識別力(5%有意)あり	40以下優秀	正解4個識別力(5%有意)あり	正解6個識別力(5%有意)あり

た．そして，業績評価は，開発に携わっている管理職4名により開発担当者15名の順位付けと各人の特徴などを書き出してもらった．

この結果を表-16，表-17に「新製品開発者，アイデア発想力・識別力と業績評価調査結果」に示す．開発者A，B，C，……Oは業績評価の高い順に並べてある．

管理職による業績評価順位と調査結果は重なる部分が多い．すなわ

表-17　新製品開発者，アイデア発想力・識別力と業績評価調査結果
――関係管理職のコメント要約――

開発者	性別	年齢	前職	関係管理職4名のコメント要約
A	女	34	販売	・明るく，センス，感性ある．化粧に興味を持っている．文章力，識別力共に優れている．
B	女	22	新卒	・企画を要領よくまとめる文章力，識別力共に優れている．組織で仕事することを知っている．
C	女	34	販売	・礼儀正しい，誰からも好かれる．企画を要領よくまとめ発表出来る．
D	女	26	販売	・明るく前向きな性格，積極的，文章力も相当高い．
E	男	29	生産	・真面目，決められたことはしっかり守る．
F	女	34	デザイン	・努力家，責任感強い．
G	女	29	技術	・仕事はていねい，積極的に発言しない．
H	女	39	販売	・仕事に対し真面目に取り組む．個性が強い，文章力がやや弱い．
I	女	23	新卒	・理解力優れている．おとなしい．
J	女	24	デザイン	・仕事には真剣に取り組んでいる．アイデアを出すのに苦労している様子．
K	男	21	経理	・理解力優れている．
L	男	46	技術	・一見おとなしい．頑固なところがある．
M	男	29	技術	・積極性余りない．
N	女	20	総務	・礼儀正しい．理解力が優れている．器用．
O	男	23	技術	・仕事，独走しトラブルを起こすことがある．

ち，上位に評価された者はアイデア発想件数や街角変化件数など平均を上回っており，アイデア発想力や社会変化に対する興味や関心の高いことが分かる．そして外観，にごり，色調，使用感，においなどの識別力も相当高い結果であった．

一方，業績評価の低い者の中にはアイデア発想件数が低かったり識別力が弱く，日常業務に何らかの支障を来していないかと疑問を持つ者もいた．

管理職による各人のコメントで，上位3名のものは性格が明るく，礼

表-18　香粧品開発者選定　着眼点とその目安

NO	項目			着眼点と目安
1	アイデア発想力			・新聞紙，ペットボトルなどの再利用，アイデア10件以上．
2	好奇心			・最近の街角変化で目につく事象，ピックアップ10件以上．
3	興味			・身近な日常生活用品でこの1か月間に目についた新製品ピックアップ3件以上．
4	商品企画提案記述力			・新製品企画提案書に必要事項記入，職場メンバーの納得得られる説明が出来るかを確認する．
5	商品イメージと販売実績との差			・好調製品，低調製品のイメージを調査し，販売実績との差が著しく異ならないこと．
6	色調			・色彩弁別器，スコア40以下．
	識別力	におい	嗜好性調査	・フレグランス7〜8品，嗜好，順位付け（一般と著しく順位が異ならないこと）．
			濃度差検出	・2点識別試験（識別力あること）．
			異種品検出	・3点識別試験（識別力あること）．
		使用感	硬い，軟らかいなどマッチング	・硬さなど異なる6〜7サンプルのマッチングテスト（識別力あること）．
			異種品検出	・3点識別試験（識別力あること）．
7	性格検査			・情緒的に安定，人間関係，熟慮性などに着目．

儀正しく，感性が高く，上品さを感じ，職場のみなに好かれている．そして，何より自分が考えていることを要領良くまとめる文章力が極めて高い，とのことであった．

　これらのことを念頭において，香粧品新製品開発者の選定に当たっての着眼点とおおよその目安を表-18に「香粧品開発者選定　着眼点とその目安」として描いてみた．
　香粧品関連製品開発者を選定するには，識別力に関する基準を設定し，これに基づいた適性確認は欠かせない．においや使用感など，識別力の訓練を重ねても，一定レベル以上でないと成果はほとんど期待出来ない事例もある．
　適性や識別力に関心を持たず，成り行きまかせで業務を担当させ，期待した成果が出ないと，業務に対する取り組みが熱心でないとか，責任感に欠けるなどで業績評価を低くすることがある．各人の適性を把握するのが先なのに，これをないがしろにすることは真の人材活用とは言えないはずだ．
　適材適所，真の人材活用なくして，輝き，品格ある製品開発は困難ではないか，と考える．

8 新製品開発に直結したアイデア発想法

　仕組み，組織，そして組織を機能的に運用するマネジメントのあり方などを研究し，さらに開発者の適性の見極め方や指導，育成など，様々な点に配慮し態勢を整えれば，新製品開発は順調に進むものと考えたい．しかし，現実にはそう容易でないことに気付く．

　開発に取り組むと，技術的に様々な難題に直面する．すると，これは理論的に不可能だ，と考え，開発を諦めてしまう．理論的に出来ないならば他の考え方を持ち込む必要があるはずだが，出来ないものは出来ないと決めつけてしまう．不可能と考えられることを創意，工夫して出来るようにすることが開発，研究ではないか，出来ることだけ取り上げ，取り組むことは実験，試験ではないか，とボールを投げてもこのボールはどこかに飛んで行ってしまう．開発のあるべき姿の理屈を言っているだけでは，新製品開発は前に一歩も進まない．これらのことを踏まえ，どのような発想で取り組めば新製品開発に結び付けることができるか，身近な事例から探してみた．

　5事例まとめたその概要は，
　　① 化粧用具開発に当たって，化粧品現品を手に取り，一品，一品，どのような化粧用具が必要か現場主義に重点をおき，製品化のヒントを得た三現主義的発想．
　　② 製品化に取り組むに当たり，○○だから出来ない，と言う，この障害になっていることを取り除き，製品化に結び付けた前提破壊主義的発想．
　　③ A技術では不可能だが，B技術を活用して製品化した技術展開

的発想.
④ 古来からのものづくり技法にヒントを求め，生産革新を図った温故知新的発想.
⑤ 実際のものづくりに詳しいのは，生産に携わっている現場マン．この現場マンは消費者でもあることに着目，消費者の立場から積極的に新製品アイデアを募集，製品化に結び付けた，生産者は消費者ダ，的発想.

などである.

8.1　三現主義的発想

　化粧用具の新製品開発に携わっている時，開発に行き詰まりを感じた．この時，フト脳裏に浮かんだのは，化粧用具は化粧品と表裏一体の関係にある，様々な化粧品をみれば何か開発のヒントが得られないかということである．そこで職場に保管している全ての化粧品を1か所に集め一品一品化粧用具とどのような関連があるか調査してみた.

　化粧品は固形ないし液状のものが主流と考えていたが，最近は気体，泡状製品も多く，これに対する認識が薄かったことに気付いた．例えば，石鹸は固形との印象を強く持っていたが，これが液体ハンドソープ，さらに泡状ハンドソープと大きく変化し，しかもその主流は固形から液状そして泡状へと移っている.

　スキンケア製品をみるとクリーム（固形）から化粧水（液状）そして，エアゾールないし噴霧式化粧水（気体）へとその幅を広げている．化粧品全体の形状変化を固体，液体，気体に層別し，「化粧品形態の変化」として表-19のように整理してみた.

　これらの製品と化粧用具を対比させたところ，フェーシャル製品の気体製品に対する用具開発が手薄であることに気付いた．このため，これに関連する用具開発に力を注ぐことにした.

　品質管理では，問題を解決したり工程改善を図る時，現場に行って現

表-19　化粧品形態の変化

	固　体	液　体	気　体
石　鹸	固形石鹸	液体石鹸	ハンドソープ・泡石鹸
フェーシャル製品	クリーム	化粧水	エアゾール・泡状化粧水
頭髪製品	チック・ポマード	ヘアトニック・ヘアリキッド	泡状ムース
歯磨き	缶入り歯磨き	液体歯磨き	エアゾール・泡状歯磨き

物を手に取り，さらにデータなどで現実をしっかり把握する，三現主義の大切さが強調されている．これを参考にして現物を見れば何か開発のヒントが得られるかも知れないと，苦し紛れに取り組んだ結果，それなりの新製品開発に結び付けられるヒントを得ることが出来た．

新製品開発に当たって関連製品やサンプルなどを実際に手に取り"試し使い"することは，何か大きいヒントが得られると考える．

8.2　前提破壊主義的発想

新製品開発で技術的に出来ない，と言ってしまえばそれ以上前には進めない．技術的に不可能と考えられることを打破するのが研究開発だ，と言っても技術的に出来ないものは出来ない！　と，理論的に説明され納得してしまえば製品化はストップしかねない．しかし，出来ない，と言う場合必ず○○だから出来ない，と言っており，この前提を一つひとつ打破すれば製品化に結び付けることが出来るはずである．

例えば，オイルAにB成分を溶解，製品化しようと取り組んでいたが，オイルAにB成分が溶解しないのでこの製品化は不可能との話になった．どのような溶解方法をとっているか確認すると次の3つの方法を試みていることが判明した．

"溶解"しないので製品化不可能，その溶解方法

> ①　A（オイル）＋ B（成分）攪拌，混合
> ②　A ＋ B，攪拌，混合＋加熱
> ③　A ＋ B ＋ C（第3物質を添加）溶解するが
> 　　CによりB成分，分解，変質，退色

　溶解方法はこの3種類しかないのか，この前提を崩すアイデアはないのか，かなりの年月をかけて検討してみた．その結果，第四の方法に気付いた．それは第三の方法，C成分を使えばBはAに溶解するが，C成分のためにB成分が変質する．仮に，C成分でBを溶解し，A＋B＋Cとした後，C成分を除去すればBは変質することなくAに溶解するのではないか．そこで，これを確認したところ，BはAにクリヤーに溶解し変質，変色もしないことが分かり，製品化に結び付けることが出来た．

　このように出来ない！　と言う前提を打破すれば製品化に結び付けられるケースもある．

8.3　技術展開的発想

　製品を生産するには様々な生産技術を活用している．化粧用具を例に取れば，樹脂，金属などを成型する成型技術，歯ブラシなどを生産する時の植毛技術，紙類などに白粉などを付着させるコーティング技術，A, B素材などを縫い合わせる縫製技術，A, B素材を接着する接着技術など様々である．

　これらの技術には，各々特徴や技術的限界がある．新製品開発に取り組む時，この技術の限界を考え諦めることがある．しかし，中にはA技術で製品化が不可能でもB技術なら可能性が開けることもある．例えば，縫製はA, Bの素材を縫い"合わせる"ことだが，接着技術もA, Bの素材を継ぎ"合わせる"ことで，目的は同じA, Bを"合わせ

る"ことと考えれば，縫製で無理なら接着剤を用いて接着することはどうか，というアイデアが閃く．このアイデアを活用し縫製技術を接着技術に置き換え，製品化に結び付けた事例がある．このように新製品開発，ものづくりに活用している技術の一つひとつの意義，目的を整理してみると，意外に新製品開発に結び付くヒントを得ることが出来る．

8.4 温故知新的発想

新製品開発には技術的課題もさることながら，効率的生産やコストなどの問題も絡んでくる．天然物を扱っている時，加工工程を工夫して目的成分をより早く熟成させ，合わせてコストダウンを図る一石二鳥の方法はないか，天然物の加工，熟成なので日本古来の産業に学ぶべきものはないか，と思案している時，思い浮かんだのが，お茶の加工技術であった．これを参考に研究したところ，目的成分の収率を3倍に上げると同時に，2～3日要していた熟成を5分程度で達成出来る方法を見出した．古来からの加工技術に意外なヒントのあることを実感した．古い方法は捨て去るべきだとの考えもあるが，古きをたずねると新しい発見のあることに気付く．古人の知恵の素晴らしさから学ぶべきことは多い．

8.5 生産者は消費者ダ，的発想

新製品を開発，生産する時，生産ラインで働く者の中から，この製品は素晴らしい，店頭に並んだらぜひ購入したい！と声があがると大方，ヒット商品となる．一方，何の関心も示されず，話題にもならない製品は苦戦する．

生産に携わっている者は，製品づくりのノウハウを身につけている，と同時に消費者でもあり，消費者としてのセンスの素晴らしさに感心する．このような経験から生産担当者に新製品アイデアを積極的に提案してもらい製品開発のヒントを得ることにした．

そこで約150名の現場マンに消費者の立場で，積極的に新製品アイデ

ア提案を呼びかけたところ，1か月間に数千件の提案があった．この中に既存製品と同じ機能だが，わずかに小型にし，デザインを変更するアイデアがあった．この小型製品を開発，販売すれば現行品の売り上げが落ちる懸念もあったが，余りにも多くの提案があったので，この開発，販売に踏み切った．この結果，現行製品の売り上げは落ちず，開発した小型製品も消費者の支持を得て現行製品と同程度の売り上げを示した．

　これらのことから，新製品開発に当たって，生産担当者に積極的にアイデア募集を呼びかけると，生産しやすくヒット商品となる製品アイデアが提案される確率の高いことに気付いた．

　製品化に結び付けたアイデアを，表-20「製品化に結び付けたアイデ

表-20　製品化に結びつけたアイデア発想法

NO	発想法	着　眼　点	製品化（例）
1	三現主義的発想	・化粧品は変化，多様化している．これに対応した化粧用具を開発しているか，化粧品，化粧用具現品を集め，分類，対比，開発のヒントを得る．	・化粧水，スプレー（噴霧）式，これに対応した化粧用具開発．
2	前提破壊主義的発想	・○○だから出来ない，△△だから出来ない，と言う．○○，△△前提を取り除けば出来ることに着目．	・オイルに溶解しにくい色素を新溶解法を開発し，製品化に結び付ける．
3	技術展開的発想	・Aの生産技術では製品化困難でも，全く異なるBの技術を活用すれば製品化出来る．	・縫製で製品化困難と判断し接着技術活用で製品化に結び付けた．
4	温故知新的発想	・昔から活用されているA部門の生産技術をB部門で活用する．	・お茶の加工技術を紅花花弁処理に活用，効率化を図った．
5	生産者は消費者ダ，的発想	・生産者は製品づくりに詳しい．消費者の使う立場で新製品アイデアを出すと現実的アイデアになる．	・化粧用具開発，従来製品と並ぶヒット商品になる．

三現主義的発想
製品が固形から液状，泡，気体へとそのスパンが広がっている．これをヒントに新製品開発に結び付けた．

前提破壊主義的発想
出来ない前提を取り除き，製品化に成功した．

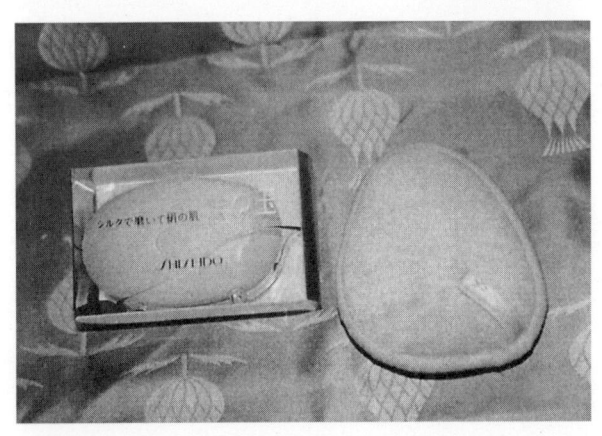

技術展開的発想
A技術で製品化不可能でもB技術を活用，製品化に結び付ける．

ア発想法」としてまとめた．また，この発想によって開発した主な製品を写真で示した．

9 新製品開発，着眼点とその手順

　新製品開発に当たって開発方針や，製品の種類によってその着眼点や取り組み方が大きく異なってくる．

　新製品開発方針として，社会変化や業界動向，そして消費者嗜好などを調査しこれを反映させ，開発に取り組むケースや，自社が開発した技術や機能性原料などにこだわり，唯我独尊的に取り組むケースなど様々である．

　新規ブランドを立ち上げる場合，ブランドとしてのイメージ統一や製品配置など幅広い検討が必要だが，既存ブランドに製品を追加したり改良を進める場合，既存品のイメージを大切にした対応が必要になるなど開発の仕方によってその着眼点は異なってくる．

　開発に当たり，デザイン，イメージにこだわり"つくりやすさ"などを二の次とするケースがある．つくりやすさを考える余り，製品特徴が弱くなり売れない製品となっては意味がない．しかし，生産技術に問題を抱えたまま無理して本生産に取り組むと，品質トラブルやクレームを発生させ切歯扼腕することがある．

　ロングセラー商品やヒット商品を分析してみると，デザイン，機能性などに優れ，かつ，使いやすく，つくりやすい設計になっている．要は企画，設計，生産，品質保証など全てが優れていないと一級品とはならないと言うことである．

　これらのことから，顧客に支持され，かつ，つくりやすい製品の着眼点とその開発手順の整理は欠かせない．

　その要点をあげると，

① 新製品企画，設計に当たって大局的見地から着目すべき項目を整理した．
② 製品企画，設計に当たってその取り組み方と，新製品企画，立案に当たっての必要項目をピックアップした．
③ 企画，立案した事項をどのような手順で製品化に結び付けたら良いか，新規ブランド品を開発すると仮定して手順をまとめた．

などである．

9.1 新製品企画・設計に当たっての着眼点

新製品開発に当たって社会全体の流れや消費者嗜好，そして業界動向などの調査，分析は欠かせない．業界の販売動向を調査してみると販売数量が伸び，かつ，価格がアップしているA製品群や販売数量が伸びていても価格が下落しているD製品群，さらに販売数量，価格とも下降気味でシュリンクしているC製品群もある．「製品動向分析」を図-13のように表してみた．

販売数量，価格共に伸びているA製品群を開発すれば業績確保に寄

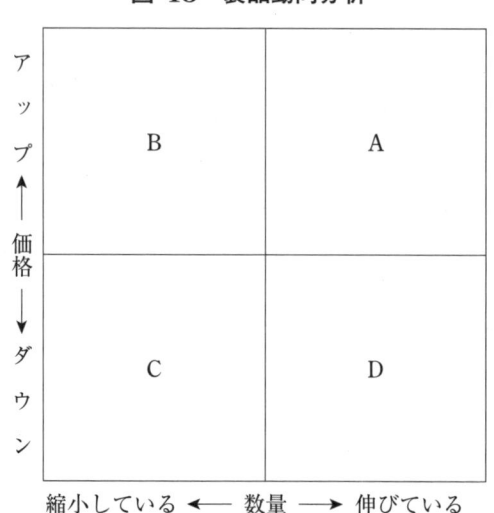

図-13　製品動向分析

	数量　縮小している ←	→ 伸びている
価格 アップ	B	A
価格 ダウン	C	D

与するはずだが，技術や生産面で様々なノウハウを要するものが多い．D製品群のように販売数量が伸び価格が下落している製品は，徹底した効率的生産，コストダウンが必要だが，それなりの資金と設備，機器の導入，そして，これらを円滑に稼動させる技術，技能者の確保が重要な課題となりクローズアップされてくる．

参考までに，香粧品新製品企画に当たっての大局的見地からの着目点を表-21「香粧品・新製品企画，着眼点」としてまとめた．

9.2 新製品企画における立案項目

新製品企画，立案に当たっては開発スタッフの力量や開発のタイミング，生産力の有無など様々な要件を加味し決定する必要がある．

例えば，新規に設計し開発に取り組もうとした時，開発スタッフや生産力の有無が大きい課題となる．これらが十分揃っていなければ外部委

表-21 香粧品・新製品企画，着眼点

① 社会全体の流れ，変化の調査，分析
　　（定期的な街角変化調査，マスコミ報道，新聞，雑誌などの分析）
② 業界出荷，販売動向分析
　　（製品の5～10年の動向分析）
③ 他業界の動向分析
　　（医薬品，食品，衣類，自動車，携帯電話，家電製品など）
④ 科学，技術開発動向
⑤ 化粧品などヒット商品調査，分析
⑥ 化粧品などロングセラー商品の調査，分析
⑦ 日常生活用品，人気商品の人間工学的分析
⑧ 新素材，新機能性原料調査，分析
⑨ 資材調達力調査
⑩ 自社の技術開発など得意，不得意の分析
⑪ 自社の組織，技術開発力，生産力，販売力，職場風土の分析
⑫ 関係法令適合性などの調査
⑬ 特許，工業所有権などの調査
⑭ その他

託なり，OEM に頼ることになる．また，これらに加え，開発日程が余りにも短期間だと既存のパッケージを一部変更し活用するケースなども出てくる．

　新たに製品を企画，設計するケースを創造型とすると，この創造型の特徴は流行を取り入れた製品開発が出来るが，一方では設計に時間や費用がかかったり，それなりのノウハウやスタッフが必要となる．

　既存の金型やパッケージを活用する開発方法を応用型とすると，開発時間は短縮出来るし開発コストも低く抑えられる．しかし，一方では製品の特徴を出すのに様々な工夫が必要となる．例えば，洗顔製品を開発

表-22　創造型，応用型開発の特徴

開発タイプ	特　　徴
創　造　型	・新たに企画，設計し新しい容器，パッケージを作製する． メリット ①　時代の流行を取り入れられる． ②　特徴ある製品が開発出来る． ③　企業，職場に企画，開発力がつき，挑戦する職場風土づくりに役立つ． デメリット ①　時間がかかる． ②　コストがかかる． ③　品質確保に一層の努力が必要となる．
応　用　型	・既存の金型，パッケージなどを活用する． メリット ①　開発時間が短縮出来る． ②　創造型と比較してコストがかからないケースが多い． ③　一定の品質が確保出来る． デメリット ①　製品がアンバランスになりやすい． ②　製品特徴が出しにくい． ③　企業，職場に企画，開発力がつきにくい．

するとする．この特徴を表現する時，汚れを洗い流す，とするか，汚れを洗い落とす，とするかで消費者のイメージは大きく異なってくる．キャッチコピーひとつにしても奥の深い表現の工夫が求められる．

　この創造型と応用型の特徴を表-22に「創造型，応用型開発の特徴」として示した．

　開発方法として，創造型とするか応用型を採用するかは開発力や開発期間，そして，様々な要件を加味して決める必要がある．しかし，応用型に余りにも頼り過ぎると職場にものを創り出す芽が育たず，企業としての成長に何らかの影響を与えないかと危惧する．

　次に示す表-23「新製品企画・立案項目」は創造型開発方法を念頭においた新製品企画，立案の主な項目である．

　新製品企画に当たって留意したい項目をいくつか整理してみた．

① 製品仕様を決定する時，製品の種類や特徴を考慮して決めるはずだが，この時，大きく影響するのが原価，コストである．コストを余りにも優先すると必要な部品，資材を省略したり部品がチープになり品質問題を抱え込むことがある．

② 新製品開発においてデザイン，見栄えを優先することに誰も異を唱えない．しかし，デザインをわずか工夫すると，効率的に生産出来，コストダウンや品質保証に大きく寄与することがある．

③ 新製品開発に当たって開発動機や背景，開発物語などのエピソードに関心を持つ関係者は多い．企画に当たってこの辺の事情を配慮することは大切である．

④ 製品のネーミングや文字の大きさ，形，色調などの設定は製品の売れ行きを大きく左右するので慎重に対応する必要がある．

⑤ 容量はただ量が多ければ良い，というものではなく消費者が納得し，品格を感ずる"適量"がある．

⑥ "質感"と"価格"とのバランスで高級品か普及品かなどを判断

表-23 新製品企画・立案項目

① 企画背景
② 開発コンセプト
③ 開発方法（創造型，応用型）
④ 新製品開発の種類
　　（新ブランド，既存ブランドに追加，既存品の改良など）
⑤ 新製品分類
⑥ 商品名・ネーミング
⑦ 容量
⑧ 価格・原価
⑨ 発売年・月・日
⑩ 販売数量
⑪ 販売方法（対面，店頭，訪問，通信，インターネットなど）
⑫ 宣伝，販売施策方法
⑬ 販売期間，限定販売有無
⑭ 追加販売有無
⑮ 製品特徴（機能性，使用方法，使用感，利便性など）
⑯ 中味特徴（性状，特性，色調，においなど）
⑰ 使用方法
　　（取り出し方，塗布の仕方，使用後の対応・落とし方など）
⑱ 容器，パッケージ仕様（材質，太さ，長さ，重さなど）
⑲ 資材調達力（品質，量，納期など）
⑳ 梱包荷姿
㉑ 保管方法
㉒ 輸送方法
㉓ 店頭リニューアルへの対応の仕方
㉔ 手直し方法
㉕ 回収方法
㉖ 廃品基準
㉗ 償却，廃棄方法
㉘ 再生，再利用，リサイクル方法
㉙ その他

する傾向がうかがえる．価格を表示しないオープン価格採用は高度な経営判断が必要になる．

⑦　製品の売れ行きは製品本体の出来ばえだけでなく，梱包荷姿やこれを解体する時の手間，製品供給力，品質保証力，そして苦情・ク

レーム発生時の迅速,誠実,的確な対応力などにも左右される.
などである.

新製品企画,立案に当たってはこれら項目に十分配慮する必要がある.

9.3 新製品開発手順

新製品開発は多くの部門が協力,協調しなければ成功しない.このため,新製品開発の狙い,目的を明確にした新製品企画書を作成し,開発の意図を共有化し,その趣旨をしっかり確認することが必要である.

参考のために表-24に「新製品企画書」として企画提案記入例を示した.

新製品を企画する時,意外に見逃しがちな事項があるので留意したい.次に主な留意事項を掲げると,

① 機能性を訴求した特徴ある製品を開発する時,この柱とする原料,薬剤の中には調達量に限りがあり,短時間に潤沢に調達出来ないケースもある.製品企画に当たって原料,薬剤などの調達状況はあらかじめ調査を実施しておくことが必要である.

② 販売したら思いのほか好調で生産計画を大幅に変更する必要に迫られることがある.これに対応出来ず品切れが発生するとこの責任は生産部門ということになる.しかし,製品は打ち出の小づちを振れば出てくるものではない.製品供給にはある程度の期間が必要であることを職場全体で認識し,これに対処する方策を立てておくことが必要である.

③ 生産設備の"要"となる部品が故障した時,生産がストップする懸念がある.このため主要部品は複数準備するなど,危機管理的配慮も必要である.

などである.

表-24 新製品企画書

作　成　日：〇〇年1月10日
作成者氏名：　　省　　略

1	製　品　名	Ａ　美　容　液	7	製品価格	省　略
2	開　発背　景	①最近，美容液は新しいジャンルとして定着．②伸張著しい．③消費者，高級品のイメージ高い．	8	原価見積	省　略
			9	発売年月日	〇〇年9月1日
			10	初年度生産，出荷量	省　略
3	開発スケジュール	①1月　企画提案②2月　設計③5月　試作，研究④6月　スケールアップ⑤7月　量産化⑥8月　出荷	11	販売方法	省　略
			12	年間売り上げ目標	省　略
			13	販売促進方法	①パウチパックサンプル配布．②店頭パンフレット配布．
4	製品種類	①従来のジャンルにこだわらない新しい美容液シリーズの一環とする．			
5	製品特徴	①機能性原料Aを配合，美容，美白効果を訴求．②高級感を出すため中味，粘度を高くジェル状とする．③中味取り出しはディスペンサー，1回の吐出量0.2g程度とする．	14	原料，資材調達上の問題点	①機能性A原料必要量確保に留意，市場品薄．②ディスペンサー生産，組立工程，ゴミ付着に留意．
			15	生産対応	①機能性原料A，鉄分で変色，変質しやすい．生産工程で特に注意．②中味，高温放置避ける．
6	製品を構成する主な仕様（原料，容器，包装材など）	①容器は腐食ガラス瓶，ブルー色とする．②容器30ml③ディスペンサー④ディスペンサーキャップ透明樹脂⑤1個ケース，能書付き			
			16	備　　考	①生産後，製品に含有する機能性A原料，成分分析を継続実施．

新製品開発情報交換風景

　企画は顧客に受け容れられる設計だけでなく資材調達，生産対応力など幅広い観点からのもので実行可能な裏付けが必要である．

　企画された製品をどのような手順で製品化するか，その手順を表-25，表-26に「新製品開発手順」としてまとめた．

　この手順は創造型新製品を自社工場で生産することを念頭においたものだが，応用型の開発やOEM，外注，委託生産などでも参考になると考える．

　開発に当たってその取り組み方で留意したい点をいくつか整理した．
① 試作段階で試作品の作製を外部に依頼することがある．この試作品の出来ばえが良いとそのまま製品化につながる．すると，この試作を担当した会社が購買先になるケースが多い．試作依頼先選定に当たって購買部門と事前調整することが必要．
② 新製品開発は設計，試作，生産，発売と細かいスケジュールが決められている．このスケジュールどおりに開発が進むことは稀で，遅延することが多い．しかし，発売日は厳守され，このしわ寄せは，大方，川下の生産部門に来る．このような時，どのように対応

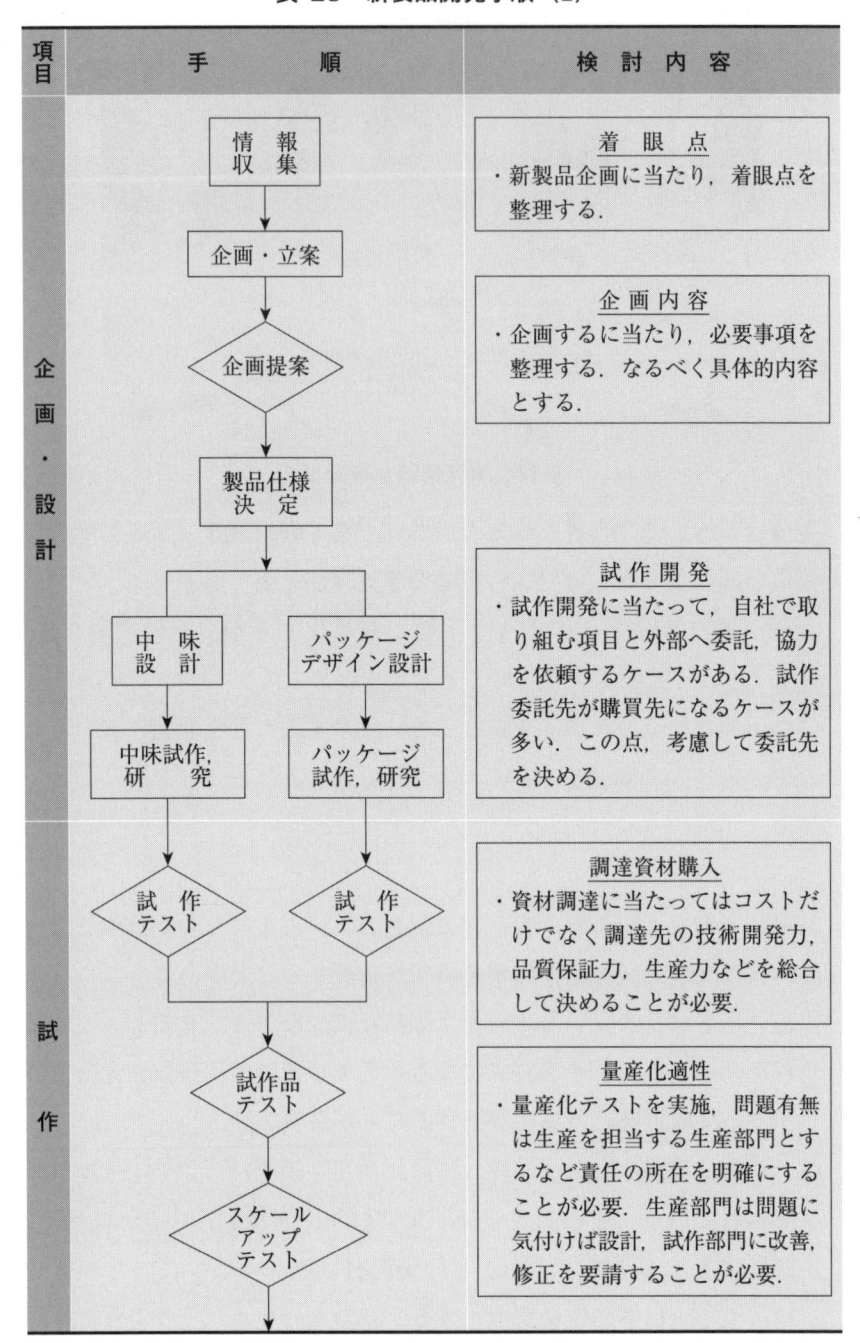

表-25 新製品開発手順 (1)

項目	手　　順	検　討　内　容
企画・設計	情報収集	**着眼点** ・新製品企画に当たり，着眼点を整理する．
	企画・立案 → 企画提案	**企画内容** ・企画するに当たり，必要事項を整理する．なるべく具体的内容とする．
	製品仕様決定 → 中味設計／パッケージデザイン設計 → 中味試作，研究／パッケージ試作，研究	**試作開発** ・試作開発に当たって，自社で取り組む項目と外部へ委託，協力を依頼するケースがある．試作委託先が購買先になるケースが多い．この点，考慮して委託先を決める．
試作	試作テスト／試作テスト	**調達資材購入** ・資材調達に当たってはコストだけでなく調達先の技術開発力，品質保証力，生産力などを総合して決めることが必要．
	試作品テスト → スケールアップテスト	**量産化適性** ・量産化テストを実施，問題有無は生産を担当する生産部門とするなど責任の所在を明確にすることが必要．生産部門は問題に気付けば設計，試作部門に改善，修正を要請することが必要．

表-26 新製品開発手順（2）

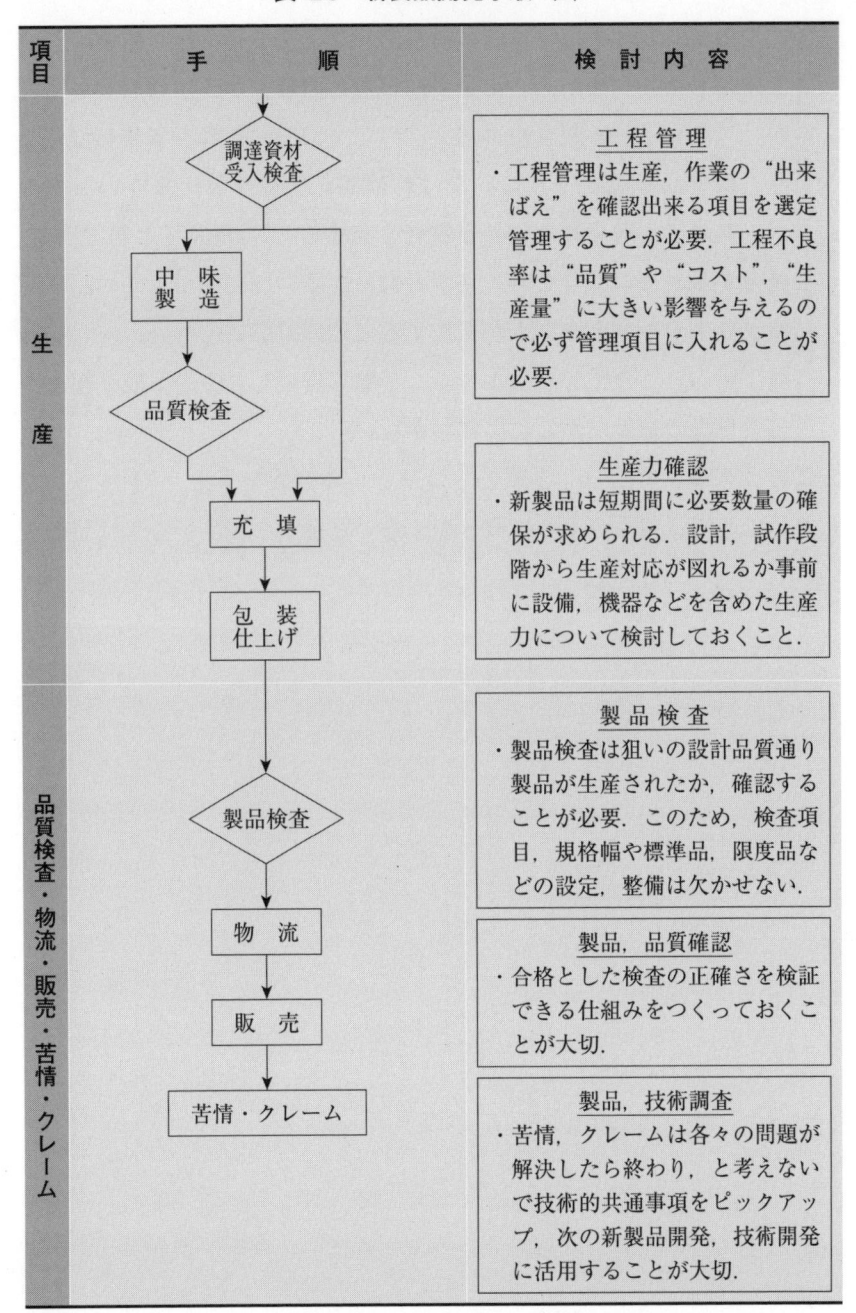

項目	手　順	検討内容
生　産	調達資材受入検査 → 中味製造 → 品質検査 → 充填 → 包装仕上げ	**工程管理** ・工程管理は生産，作業の"出来ばえ"を確認出来る項目を選定管理することが必要．工程不良率は"品質"や"コスト"，"生産量"に大きい影響を与えるので必ず管理項目に入れることが必要． **生産力確認** ・新製品は短期間に必要数量の確保が求められる．設計，試作段階から生産対応が図れるか事前に設備，機器などを含めた生産力について検討しておくこと．
品質検査・物流・販売・苦情・クレーム	製品検査 → 物流 → 販売 → 苦情・クレーム	**製品検査** ・製品検査は狙いの設計品質通り製品が生産されたか，確認することが必要．このため，検査項目，規格幅や標準品，限度品などの設定，整備は欠かせない． **製品，品質確認** ・合格とした検査の正確さを検証できる仕組みをつくっておくことが大切． **製品，技術調査** ・苦情，クレームは各々の問題が解決したら終わり，と考えないで技術的共通事項をピックアップ，次の新製品開発，技術開発に活用することが大切．

するか企画段階からあらかじめ次善策を研究しておきたい．

③　本生産に取り組むにはスケールアップテストを実施し問題の有無を確認したり，標準品，作業手順書などの整備が欠かせないはずだが，スケジュール遅れやコストダウンを口実にこれを省略してしまう．標準品が設定されていなければ製品検査など出来ないはずだが，無謀にも勘を頼りに品質検査を実施し，"合格品"として出荷，発売する．このような時，必ずと言ってよいほど何がしかの品質問題が発生する．トラブルが発生するとこの対応に忙しい，忙しいと飛び回る．この忙しさはルール，手順を無視して生産に取り組んだ自業自得の結果だがこれに気付かない．

このようなことから，手順の一つひとつの意義を考え，"手抜き"をしないで地道に製品づくりに取り組まないと確かな製品づくりは望めない．

10 新製品生産に当たっての課題とその対応

　新製品生産に当たって職場全体の空気は納期厳守，発売日厳守が鉄則とされ，これに全ての焦点が合わせられる．しかし，これを余りにも優先し，品質確認を疎かにすると品質トラブル，クレームを発生させる懸念がある．生産に当たっては品質第一主義に徹し，工程管理の徹底と効率的生産のために様々な工夫が必要である．

　新製品生産に当たって検討すべき課題は多い，これら課題を一つひとつ点検し，問題を解決しておかないと本生産が立ち行かなくなる．主な要点をピックアップすると次のような項目がある．

① 新製品本生産に当たって確認する項目として，現有設備，機器での生産対応の可否で不可の時の新設備導入検討のほか，資材，原料調達状況，生産技術対応力，現場作業力などがある．

② 中味・バルク製造，包装・仕上げ工程における品質確認項目の設定と出来ばえ確認の実施．

③ 製品品質確認検査項目設定と品質保証への考え方，取り組み方．

などである．

10.1 中味・バルク製造と出来ばえ確認

　中味・バルク生産に当たり留意することは，原料，薬剤，香料，色剤などを誤りなく秤量，配合し，作業手順に従って加熱，溶解，攪拌，混合，濾過，冷却などを実施したか，また，狙いどおりの中味・バルクが製造出来たか確認し，記録に残すことである．

　このためには中味・バルク品質確認項目の整備と品質確認担当者の官

表-27 中味・バルク品質確認項目

①	性状，外観
②	色調
③	つや，光沢
④	きめ
⑤	ラスター
⑥	ぶつ
⑦	気泡
⑧	透明感
⑨	固さ
⑩	のび
⑪	つき
⑫	使用時の感じ
⑬	使用後の感じ
⑭	使用後，中味を拭き落とした後の感じ
⑮	におい
⑯	味
⑰	特性値（粘度，硬度，比重，pH，濁度など）
⑱	その他（微生物試験など）

能検査力や物理，化学，生物学的測定技術の充実は欠かせない．

　表-27に「中味・バルク品質確認項目」を参考として示す．

　職場によって，中味・バルクの出来ばえを品質保証部が確認するケースがある．品質は全て品質保証部が責任を持つとの位置付けだが，この考えに余りにも固執すると中味・バルク製造部門はただ製造するだけで品質への関心は薄くなり，無責任感漂う職場になりかねない．

　中味・バルクの品質確認はバルク生産部門と位置付け，これが実施出来る体制を整備，充実したい．自己責任の品質保証体制の構築は確かなものづくりと前向きで責任感溢れる職場づくりには欠かせない．

10.2　充填・包装仕上げ作業と品質確認

　新製品は各製品ごとに様々な特徴があり既存の設備，機器や作業方法では対応出来ないケースもある．このため，企画，設計段階からどのよ

表-28 充填・包装仕上げ工程品質確認項目

① 中味,容器の一致性
② 充填量,充填位置
③ 容器,レーベルなど表示異常有無確認
④ パッケージなど設計仕様との一致性確認
⑤ 中栓嵌合具合
⑥ キャップ嵌合具合,締め強さ,開き具合
⑦ 異物付着
⑧ 異物混入
⑨ 外観キズ,スレなど
⑩ 製造記号捺印ロット異常有無
⑪ レーベル貼付位置,ばらつき,接着強さ
⑫ 製品セット,挿入異常有無
⑬ 製品入数異常有無
⑭ 色調
⑮ におい
⑯ 中味出方
⑰ 使用性
⑱ 工程不良率と不良品としたものの妥当性
⑲ 製品化した資材とその残数確認
⑳ その他

うな方法で生産対応を図るか検討しておくことが必要である.

これに合わせ,作業手順や品質確認項目の設定,整備も欠かせない.

充填・包装仕上げ工程での作業の出来ばえ,品質確認項目を表-28に「充填・包装仕上げ工程確認項目」として示した.

この確認項目を見ると分かるように製品標準見本,充填位置見本,レーベル貼付位置見本,製品色調見本,製品におい見本など標準品設定のほか,キャップ締め強さの設定や製造記号ロット捺印文字の大きさ,これに使用するインクの色,捺印か所など多岐にわたる基準設定が必要となる.

作業工程はものをつくる作業と,品質を確認する作業とが表裏一体となっている.作業者が全数検品作業を実施すれば,当該製品は全て良品と考えがちだが,実際には不良品を良品と見誤まって出荷し様々なクレ

ームとなることがある．

　作業者一人ひとりの識別力，検品力，例えば，外観キズ，異種品混入検出力などを調査し，この結果を配慮し業務担当を決めることが好ましい．

10.3　製品品質確認検査とその取り組み方

　製品検査は品質確認の最後の砦であり，品質保証部が担当するケースが多い．この製品検査に合格すれば出荷，販売し，お客様が使用されても問題は発生しないと位置付けされている．しかし，時には思いもよらない品質トラブルが発生する．調査すると設計とか調達した資材あるいは生産工程に問題があったことが判明する．すると品質保証部は，この責任は設計なり購買部門などにあると考える．しかし，品質保証部は製品検査を実施し，問題ないから合格としたはずで，クレームが発生するとその責任は設計や購買部門だとすれば製品検査の意義や品質保証部の責任は宙に浮いてしまう．

　製品検査に当たっては"設計品質"と"出来ばえ品質"に分類し，この両者の品質を確認しておかないと品質保証部門としての責任は果たせない．表-29に「新製品総合品質検査項目」を示した．

　この品質検査項目の内，①～⑧までは主に"製品生産出来ばえ品質"，⑨～⑬は"設計品質"，⑭～⑯は設計，生産出来ばえの共通品質確認項目をイメージしている．

　"合格"と判定した製品は，現時点で問題がないことを確認したまでで，明日以降どのように変質するか分からない．そこで製品検査の信頼性を確認するため，合格とした全製品，全ロットを必要数量保存しておき，定期的に品質確認すれば検査の信頼性と製品変質の有無を確認出来る．しかし，一般的にキープサンプルを山積みしているだけのケースが多い．クレームが発生し，この保存見本品を確認すると異常だったと分かることがある．キープサンプルを有効に活用し確かな品質保証体制に

表-29　新製品総合品質検査項目

① 製品全体の外観キズ，スレ，つや，光沢など
② 異物付着，混入
③ にごり
④ 色調
⑤ 中味の出方
⑥ 使用性，つき，のび，しっとり，さっぱり感など
⑦ 中味取れ，落ち
⑧ におい
⑨ 使用後のにおい
⑩ 容器開閉時のきしみ音，感触
⑪ 一部製品の味
⑫ 実使用テスト
⑬ 破壊，疲労など耐久性テスト
⑭ 特性値（粘度，硬度，比重，色差，濁度，pH，折れなど）
⑮ 安定性（温度，湿度，耐光性など）
⑯ その他（微生物汚染確認など）

役立てる意義は大きい．

　様々な創意と工夫をし，例え素晴らしい製品が開発出来ても品質トラブルを発生させたら全て水泡に帰してしまうことを再認識し，改めて品質第一主義の重要さを肝に命じてものづくりに邁進したいものである．

11 体験的 化粧品開発マネジメント
―紅花・カルサミンの製品開発に携わって―

　これまでの章は，資生堂で経験してきたことや，香粧品関連企業の方々との研究会，技術指導にあたった体験で培った発想や取り組み方をもとにまとめたものである．しかし，その文本になる体験は今を遡ること半世紀，資生堂での紅花・カルサミンの製品開発にある．

　本章では，その開発経過を紹介し，化粧品という女性の微妙で繊細な美意識を満足させる商品開発の締めくくりとしたい．

　本題には入る前に，少し紅花の歴史を紹介する．

　紅花の原産地はエジプト・ナイル川流域とされ，古代エジプトでは，染料，化粧品，薬などに用いられ珍重されていた．日本へはシルクロードを通って6世紀から7世紀頃に伝えられたようである．その美しさ故に「紅一匁(いちもんめ)は金一匁」といわれるほど高価なものであった．江戸時代には換金作物として栽培され山形県最上川流域が主産地となり今日まで続いている．

　紅花は夏に黄色の花を咲かせ日が経つにつれて紅色に変化する．紅の原料に使うのは，開花間もない黄色の花弁で，これを臼でつぶしてから赤色化し乾燥させたものを「紅餅」として京などに出荷していた．紅餅は紅花職人の手によって鮮やかな「京紅」に仕上げられ，その製法は先祖代々の秘伝とされ世間に広まることはなかった．

　やがて近代化学工業の発展の中で合成染料の時代が到来し，日本の女性を彩った「京紅」も何時しか隅に追いやられることとなる．

11.1 紅花・カルサミンの商品開発

さてここからが本題であるが，時代は，まさに戦後の高度成長がはじまる1960年（昭和35年）である．社内でこの紅花を近代的なリップスチックとして蘇らそうというプロジェクトがスタートした．

研究所長から，全社的に全力で取り組むことになった，必要な実験器具や薬品など遠慮なく申し出るように，との話しがあった．

しかし，紅花，紅（カルサミン）はほとんど姿を消しており，研究に取り組むには紅花の栽培から始めなければならなかった．

当初，栽培を農家に依頼し種子を蒔いてもらうと発芽するものの，しばらくすると枯れて花を咲かせることさえ出来なかった．

山形県農業試験場のご指導，ご支援を得て，種子の消毒方法や肥料の選択，そして成長に伴ってどのように消毒したら良いかなどの試験，研究に3～4年費やし，ようやく栽培を軌道に乗せることが出来た．

紅花栽培が順調に進むようになってきたものの，次に出て来た問題は摘んだ花弁の加工方法であった．この加工方法は古代からの方法で，臼で花弁を細かくし，発酵，赤色化させ農家の庭先で乾燥させるものであった．

この方法だと天候や個人の加工技術によってカルサミンの収率が大きくばらついたり，加工量が増えてくると乾燥場所の確保が難しくなってきた．

この花弁加工に何か良い方法はないか模索している時，思いついたのが温故知新的発想法であった．

日本には古来から植物など様々に加工し，貴重な日常生活用品にする知恵がある．この中に学ぶべきものはないかと思いをめぐらしていた時，お茶の生葉加工法が参考にならないか，とひらめいた．

静岡県にある茶業試験場を訪ね専門の方々にお茶の加工方法やその理

論を教えていただき，これをヒントに工程改善に取り組んだ．

その結果，カルサミンの収率を安定的に向上させ，かつ，乾燥時間も大幅に短縮することが出来た．このことから何か発想する時，前を見るだけでなく，過去，後ろを振り向く大切さを再認識した．

花の栽培方法と花弁加工方法の問題が片付き，これで製品開発が順調に進むと考えていたら，次に出て来た問題が「紅餅」より紅・カルサミンを安定に抽出，分離する方法であった．

従来の方法は秘伝とされ詳細は分からない．近代的方法で安全，かつ，安定的に抽出，分離する方法はないか，様々な方法を試してみたが容易に効果的な方法を見出すことが出来なかった．ある時，行き詰まりを感じ実験を途中で投げ出しサンプルを放置しておいたところ，しばらくして紅・カルサミンがきれいに分離していることを発見，これをヒントに安全に，しかも迅速に分離する方法を見出し，カルサミンを大規模に分離する技術を完成させることが出来た．

紅・カルサミンを十分確保する態勢が整い，製品化研究に本腰を入れ取り組もうとした矢先，カルサミンが水や油に溶けず，熱に弱いという性質を持っていることが壁となった．

水や油はもとより製品とする基剤に溶解しない．界面活性剤を使用すると変質してしまう．職場の雰囲気は，製品化不可能とのあきらめムードであった．

紅花栽培から花弁の加工，紅・カルサミンの抽出，分離と様々な問題を乗り越え，ようやくカルサミンを安定的に入手出来る技術を開発，製品化研究に取り組もうとしたのに，最初の一歩でつまづいてしまった．しかし，ここで製品化をあきらめたら今までの努力が全て水泡に帰してしまう．

会社の方針を安易に途中で投げ出せないし，農業試験場，茶業試験

場，そして，栽培などでご協力いただいた農家の方々に説明がつかない．何か良い知恵，術はないか，朝から晩まで悶々としながら2年間実験を重ねた．

この時，フト，思いついたのが前提破壊主義的発想法（8.2節参照）であった．○○だから"出来ない"と考える時，必ず××だから，といった理由がある．この出来ない理由となる前提条件を取り外せば，出来ないことも出来るようになるはず，と言うことであった．

この発想法に従い研究を進めた結果，製品化の見通しを立てることが出来た．

11.2 研究開発を生産軌道に乗せる

工場で本生産を始めてみると，工程が安定せず次々と問題が発生した．ビーカースケールでの完成は"幻"ではないか，との囁きさえ出てきた．

いくら研究所で製品化が完成したと考えても，生産が軌道に乗らなければ研究が完成したとは言えない．自ら工場に移籍し生産に取り組んではどうか，との話しが出た．工場に籍を移し正面から取り組み，何とか生産を軌道に乗せることが出来た．

紅花栽培，花弁加工方法の改善，紅・カルサミンの安定的な抽出，分離，製品化研究，本生産を軌道に乗せる，ここまで辿り着くのに10年有余の歳月がかかった．

紅・カルサミンを利用して近代的リップスチックの製品化に成功したものの，紅花の紅・カルサミンの素晴らしさを最も引きだした「京紅」を今までの研究成果を結集して新しく蘇らせたい，との夢が強く湧き上がってきた．

生産現場の一課員であったが，工場の生産，技術の総責任者，技師長にこの夢を話したところ，「それは面白い，やってみろよ，助手をつけ

てもよいし，必要なら全国どこへでも出掛けていらっしゃい」との話しであった．

この時，新製品企画は本社，研究は研究所と役割分担が決まっている，現場マンは余計なことを考えず生産に精を出せば良い，と言われかねないと思ったが，組織を乗り越え新製品開発，結構だ，積極的に応援する，という技師長の柔軟で前向きな考え方に限りない敬意と畏敬の念さえ覚えた．

もとより，工場独自で新製品を開発，販売することは出来ないので，アイデアがある程度固まったところで研究所に引き継ぎ磨き上げてもらい，近代的な新・「京紅」を完成させることが出来た．

新・「京紅」の生産には難儀したものの，製品づくりは「良い品を良い人で」のスローガンのもと，工場一丸で人材育成や改善活動に取り組み，各々の担当者が組織を乗り越え，協力，協調して様々な問題を解決し，生産を軌道に乗せ，1976年（昭和51年），ようやく発売にこぎつけることが出来た．

紅花の製品化研究に取り組んでから15年経過していた．

11.3　信頼ある製品づくり，品質の検証とそのフォローアップ

1970年（昭和45年），大阪で万国博覧会が開催される時，大阪城公園に化粧品や家電など日常生活用品，約2000点を入れたタイムカプセルを2組作り，1組は30年後，もう1組は5000年後に発掘する，との話しがあり，この中に紅・カルサミンの研究，開発成果を取り入れた製品も入れられた．

このこともあって，品質変化が気になり，いつも製品を手元においてチェックしていた．ところが10年，20年経っても変質，変臭しないことに気付き，仲間と共に再度，研究に取り組んでみると，カルサミンにはものを変質させにくい抗酸化作用のあることを発見し，1999年（平成11年），特許化することが出来た．

大阪万博から30年経った2000年（平成12年），掘り出されたタイムカプセルから様々な製品が取り出された．紅花・カルサミンを含有した口紅は30年経っても何ら変質していないことが話題になり，2000年4月，一部テレビで紹介された．5000年後に掘り出された時，奈良時代から21世紀にかけての紅花・カルサミンと人類との様々な関わりが話題になるかも知れないと途方もない想像，夢を描いている．

　多くの方々のご指導，ご協力を得て開発，発売した新・「京紅」は今年（2008年・平成20年）で32年になるが，現在でも顧客の支持を得て現役製品として存在している．

11.4　新製品開発，マネジメントのあり方と取り組む姿勢について考える

　このようにまとめてみると，新製品開発，技術開発についてのマネジメント，技術開発への取り組み方などで参考とすべき点が数多くあるように考えられる．そのいくつかをピックアップしてみた．

<u>マネジメントのあり方</u>

①　開発方針を明確化する．
②　これを達成するために仕組み，組織，資金的裏付けなどを整備する．
③　時間をかけて一つひとつの課題を本質から解決するようにする．
④　余り組織にこだわらず，時には組織を超越した柔軟な対応を考慮する．
⑤　開発者の自主性を出来る限り尊重する．
⑥　研究開発，製品化のテーマによっては短期的に考えず，時間的余裕を持って取り組む．

⑦ 業績評価は短期的な結果，成果にこだわらず取り組み姿勢，経過も尊重する．
⑧ その他

などである．

研究，技術開発，そして生産への取り組み方

① 出来ない，不可能と考えられることを解決するのが研究，技術開発と位置付け，出来ないことを証明しようとせず，どのように取り組んだら実現出来るか，に焦点を合わせる．
② 行き詰まった時，専門範囲にこだわらず幅広く，そして，後ろも振り向くなど柔軟な発想での取り組みをする．
③ 一つひとつの技術について"手抜き"をせず，"確か"であることを検証しつつ取り組む．
④ 製品化研究が完成した，といっても本生産が軌道に乗らなければ意味がない．本生産が軌道に乗るように開発者は責任を持ってこれに当たる．
⑤ とにかく諦めない"冷やかな情熱"を持って当たる．
⑥ 付け焼き刃的開発はすぐ見抜かれる．本質は何かを常に念頭におく．
⑦ 開発した製品の寿命が尽きる，ないし廃品になるまで責任を持って開発した経過，結果に問題がなかったか検証する．
⑧ その他

などである．

　新製品，技術開発では前向きで柔軟，そして，懐の深いマネジメント，こだわりを持った取り組み，さらに，協力，協調性ある職場風土な

どが重要なポイントになるように考えられる．

むすび

　新製品開発に当たって確認すべき課題として，
　① 情報収集，分析力
　② 市場，顧客ニーズに合った製品企画力
　③ 使いやすく，つくりやすい設計力
　④ 仕組み，組織，職場風土
　⑤ 生産，製品供給力，設備・機器導入とその操作技術・技能力
　⑥ 資材調達力
　⑦ 品質保証力
　⑧ 苦情・クレーム対応力，顧客満足達成力
　⑨ 人材適性把握とその活用
　⑩ その他
などがある．
　これらの項目を丹念に見ると，その基盤となるものは，全て人の知恵，技能，技術によるもので最後は人材力，チームワーク力が決め手となることが分かる．人材力を引き出すには各人の持ち味，適性を見極め，適材適所の人材活用が必要なはずだが，適性を確認する術さえ確立していない職場が多い．

　昨今，能力成果主義が盛んに議論され，導入もされている．成果が出ないと当事者の熱意や努力不足と位置付け厳しく評価する．しかし，適性について深く配慮もせず思いつき的に担当業務を決め，評価だけは厳しく実施する．適性配置があってこその能力・成果主義となるべきものが適性配置を欠いたケースが多いように感ずる．

市場，顧客に受け容れられる素晴らしい新製品開発には，開発に係わるものの適性を把握し，各人の持ち味を発揮出来る職場環境を整えることが何より重要と考える．かつての職場に"良い品を良い人で"のスローガンが掲げられていたが，今，この意味する重さをしみじみと噛みしめている．

引用,参考文献

① 和田孝介:香粧品官能検査の知恵,幸書房(1998)
② 和田孝介:五感でつくるものづくり,幸書房(2005)
③ 和田孝介:日本薬剤師会学術大会,天然色素紅花に関する研究(1973)
④ 和田孝介,鴨下隆志,矢野 宏:官能評価シンポジウム,MTSを利用した理想の上司像の評価(1999)
⑤ 和田孝介,鴨下隆志,矢野 宏:品質工学研究発表大会,製品A外観キズ検出に関するパネル識別力評価(2002)

〔著者略歴〕
和田 孝介（わだ たかすけ）

- 1937 年　神奈川県に生まれる．
- 1961 年　東海大学工学部応用理学科卒業．
- 同　年　株式会社資生堂化学研究所入社，主に天然色素・紅花・カルサミンの製品化研究に従事．
- 1976 年　掛川工場　香粧品課長．
- 1985 年　大船工場　技術調査室長．
- 1988 年　生産技術部次長・兼墨田作業所長．
- 1990 年　大船工場　技術部長．
- 1991-95 年　株式会社資生堂ビューテック取締役社長．
- 1997 年　株式会社資生堂退社．

■この間，日本科学技術連盟（日科技連），官能検査シンポジウム組織委員，官能検査研究会指導委員，「品質管理」誌編集委員，「現場とQC」誌編集委員，日本能率協会，生産部門調査研究委員会委員などを歴任．

現在，香粧品関連企業と新製品開発，品質保証，官能検査，人材育成のあり方などについて研究，指導，セミナー講師として活躍中．

■主な研究発表
1. パネルの性格と検査成績　日科技連　官能検査シンポジウム　1972 年
2. 天然色素紅花に関する研究　日本薬剤師会　学術大会　1973 年
3. 経営を支える官能検査の活用　日科技連　官能検査シンポジウム　1997 年
4. MTSを利用した理想の上司像の評価　官能検査シンポジウム　1999 年
5. MTSを利用した上司の評価　官能検査シンポジウム　2000 年
6. 製品A外観キズ検出に関するパネル識別力評価　品質工学研究発表大会　2002 年

■著　書
「香粧品官能検査の知恵」（幸書房　1998 年）
「五感でつくるものづくり」（幸書房　2005 年）

新・香粧品開発の実際—新製品の着眼点と開発マネジメント

2008 年 5 月 10 日　初版第 1 刷発行

著　者　和田　孝介

発行者　桑野　知章

発行所　株式会社　幸書房（さいわい）

〒101-0051　東京都千代田区神田神保町3丁目17番地
Tel 03-3512-0165　Fax 03-3512-0166
URL：http://www.saiwaishobo.co.jp

Printed Japan 2008 ©

㈱シナノ

無断引用を禁じます．

ISBN 978-4-7821-0318-0　C 3058

好評発売中

和田孝介 著　■A5, 156頁, 2520円, 〒290円

五感でつくる ものづくり

識別力適性による品質管理

和田孝介

香粧品・食品製造の現場改善

人それぞれの得手，不得手を見極め，適材適所の人材配置こそミスとクレームをなくす近道。
識別力試験で，社員の隠れた才能・能力を発掘。

IT時代に五感で勝負

好評発売中

和田孝介　著　■A5, 111頁, 2520円, 〒290円

香粧品官能検査の知恵
―クレーム〇(ゼロ)への挑戦―

■和田孝介　著

幸書房